用电检查
岗位技能培训教材

国网新疆电力有限公司培训中心　编

图书在版编目（CIP）数据

用电检查岗位技能培训教材／国网新疆电力有限公司培训中心主办．—北京：中国电力出版社，2021.12
ISBN 978-7-5198-6080-6

Ⅰ．①用… Ⅱ．①国… Ⅲ．①用电管理—岗位培训—教材 Ⅳ．① TM92

中国版本图书馆 CIP 数据核字（2021）第 212544 号

出版发行：中国电力出版社
地　　址：北京市东城区北京站西街 19 号（邮政编码 100005）
网　　址：http://www.cepp.sgcc.com.cn
责任编辑：丁　钊（010-63412393）
责任校对：黄　蓓　马　宁
装帧设计：王红柳
责任印制：杨晓东

印　　刷：北京天宇星印刷厂
版　　次：2021 年 12 月第一版
印　　次：2021 年 12 月北京第一次印刷
开　　本：710 毫米 ×1000 毫米　16 开本
印　　张：11.25
字　　数：213 千字
定　　价：59.00 元

前言

《用电检查管理办法》废止后，用电检查工作的内容和范围缺少有关政策和管理文件支持，用电检查工作弱化严重。自 2018 年国网新疆电力有限公司实施网格化营配末端融合管理工作模式后，营销一线已无用电检查班及用电检查员，目前由高压供电服务班以及供电所的高级客户经理负责业扩、计量和用电检查等营销综合业务，同时负责线路巡视、隐患排查等配电网基础业务，用电检查员逐渐向政企客户经理转型，服务范围不断延伸，对用电检查工作提出了更高的挑战。

国网新疆电力有限公司近五年来一直致力于通过加大专业培训来提升营销一线员工技能水平，但用电检查技能培训一直延用的是国网电力有限公司相关培训教材，在业务原理和流程上虽然符合用电检查基本业务要求，但是与新疆地区实际工作要遵循的业务规则和政策规定相去甚远。国网新疆电力有限公司用电检查培训则完全依靠培训师自己编写的课件且受培训师本人的业务能力和知识水平限制，培训内容和业务范围不够完整，业务规范性和政策严肃性较为欠缺。培训后的考试则完全以题库及标准答案为准，与新疆地区的规定不一致，很多学员在培训后都普遍反映培训效果不好，不能学以致用，甚至一些方面的要求与实际工作完全背离，于是形成了学归学、考归考、干归干各不相关的现象。国网新疆电力有限公司培训中心也多次就此困惑进行反馈，希望能就用电检查业务能力提升培训做一些努力和改善，但受专业限制，难以独立完成。

为此，国网新疆电力有限公司人力资源部、营销部于 2018 年启动用电检查教材开发项目，于 2019 年正式进行教材培训项目开发。承担本教材编写任务的单位主要有国网新疆电力有限公司营销部、国网新疆电力有限公司培训中心、国网新疆电力科学研究院以及各地州供电公司。

本教材主要作为营业用电检查业务的重点培训教材，也可作为新入职员工和营销相关专业的基础教材。本教材内容共八章，分别是概述、用户用电安全服务、用户侧事故调查、重要电力用户管理、用户侧保电、窃电及违约用电、供用电合同管理、变更用电管理。在教材编写过程中，召集了营销业务骨干 40 余人共同参与教材编写，对教材进行了两轮评审，共历时两年时间，最终成稿于 2021 年 4 月 28 日。本教材在编写过程中得到了国网新疆电力有限公司本部相关部门和各相关单位的大力支持，在此一并表示感谢。

由于时间紧、任务重，编者水平限制，教材中难免有疏漏之处，恳请各位专家和读者给予批评和指正。

目录

第一章

概　述

随着电力市场变化，电力体制变革，用户维权意识不断提高，用电检查岗位职责逐步向服务型转变。用电检查工作人员需要更深入地了解电力营销相关法律法规，掌握营销服务规范及技巧，严格遵守安全用电规程，保障供用电双方的合法权益及营造卓越服务的电力营商环境。本章介绍了用电检查基本知识、电力法律法规、安全用电常识和相关规定、营销窗口服务和现场服务规范，以期用电检查人员进一步转变服务观念，增强法律知识，加深安全常识，提高优质服务，坚持以用户为中心，切实践行“人民电业为人民”的企业宗旨。

第一节　用电检查基本知识

随着电力市场的变化，行政部门、供电企业、用户的定位和需求发生了很大的变化，带有行政色彩的用电检查业务，由管理用户向服务用户转变，工作职责和工作内容也发生了较大的变化。从商业角度来看，业扩报装是供电企业提供的售前服务，用电检查是售后服务；业扩报装考虑更多的是电力供应及接入安全，用电检查侧重电力使用及涉网设备用电安全。

一、总体工作要求

用电检查遵循“安全第一、服务至上”原则。工作重心体现在以下方面：①优质服务：为用户提供技术服务，在用户电力使用过程中遇到的困难及时予以技术指导，在电力供应发生问题时，及时通告协调；②供用电安全：检查电能质量以及涉网设备的安全隐患；③社会责任：配合政府部门做好各项保电工作以及高危用户和重要用户安全检查；④供用电合同履约：核查供用电双方履约合同条款情况；⑤供用电秩序：用户合理用电情况，有无违约用电和窃电行为，维护供用电秩序，营造公平、公正的市场环境。

二、用电检查工作内容

1. 用电检查的内容

（1）遵循国家有关电力供应与使用的法规、方针、政策、规章制度开展工作，宣传节能减排、安全用电、新能源新技术应用。

（2）协助用户受（送）电装置工程施工质量检验，其中包括电气工程图纸的审核、施工中间检查、竣工验收。

（3）检查涉网设备安全隐患，技术指导用户受（送）电装置隐患排查。

（4）配合政府开展高危用户和重要用户安全检查，协助用户用电事故调查与处理。

（5）配合用户开展保电和反事故措施制订工作。

（6）受（送）电端电能质量状况。

（7）供用电合同及有关协议履行的情况。

（8）违约用电和窃电行为。

（9）用户执行有序用电情况。

（10）并网电源、自备电源并网安全状况。

2. 用电检查的范围

用电检查一般检查到用户的受电装置为止，但被检查的用户有下列情况之一者，可延伸检查到相应目标所在处：

（1）有多类电价的。

（2）有自备电源设备（包括自备发电厂）的。

（3）有二次变压设备的。

（4）有违章现象需延伸检查的。

（5）有影响电能质量的用电设备的。

（6）发生影响电力系统事故需作调查的。

（7）用户要求帮助检查的。

（8）法律规定的其他用电检查。

三、用电检查人员工作的条件要求

用电检查人员的资格实行考核认定，由省级或省级以上电网经营企业组织统一考试，合格后发给相应的用电检查证，用电检查证应妥善保管，不准转借他人使用，如有遗失应立即向本单位报失，申明作废。

供电企业应及时对用电检查人员资格认定、变更、注销情况进行维护，在营销业务应用系统中录入用电检查人员的姓名、性别、学历、职务、职称、资格证编号、发证单位、发证日期、证书有效日期、资格等级、岗位等信息。

聘任为用电检查职务的人员，应具备下列条件：

（1）作风正派、办事公道、廉洁奉公。

（2）已取得相应的用电检查资格。

（3）经过法律知识培训，熟悉与供用电业务有关的法律、法规、方针、政策、技术标准以及供用电管理规章制度。

四、用电检查程序与纪律

（1）供电企业用电检查人员实施现场检查时，用电检查人员的人数不得少于两人，应穿工作服、绝缘鞋（靴）、戴安全帽，并携带必要的安全工器具。执行用电检查任务前，用电检查人员应制订安全措施并交代检查事项。

（2）执行用电检查任务前，用电检查人员应按规定填写《用电检查工作单》，经审核批准后，方能赴用户执行用电检查任务。在赴现场检查前，应根据营销业务应用系统、用电信息采集系统掌握用户的基本档案，了解近期用电情况、电价电费、业务变更等信息以明确检查任务。

（3）现场检查必须执《用电检查工作单》，在执行用电检查任务时，应向被检查的用户出示《用电检查证》，主动说明安全用电检查服务内容，要求用户派员随同配合检查。

（4）用电检查工作终结后，用电检查人员应按要求填写《用电检查工作单》，请用户随同人员在有关栏目中签字，将《用电检查工作单》交回存档。

（5）经现场检查确认用户的涉网设备状况、供用电合同履约等方面有不符合安全规定的，用电检查人员应开具《用电检查结果通知书》《违约用电通知书》或《窃电通知书》，一式两份，一份送达用户并由用户代表签收，一份存档备查。在电力使用上有明显违反国家有关规定的，及时上报政府相关主管部门。电力用户拒绝签收的，供电企业应通过函件、挂号信等具有法律效力的形式送达用户。

（6）用电检查人员在执行用电检查任务时，应遵守用户的保卫和保密规定，在检查现场不得替代用户进行电工作业，不擅自操作用户的电气装置及电气设备，应注意保持与电气设备的安全距离，防止发生触电事故。

（7）用电检查人员必须遵纪守法，依法检查，廉洁奉公，不徇私舞弊，不以电谋私。违反工作纪律者，依据《国家电网有限公司员工奖惩规定》进行惩处，构成犯罪的，依法追究其刑事责任。

五、用电检查法律法规及相关规章制度

（1）《中华人民共和国电力法》（2018 年 12 月 29 日第十三届全国人民代表大会常务委员会第七次会议《关于修改〈中华人民共和国电力法〉等四部法律的决定》第三次修正）。

（2）《中华人民共和国民法典》（2020 年 5 月 28 日第十三届全国人大三次会议通过）。

（3）《电力供应与使用条例》（1996 年 4 月 17 日中华人民共和国国务院令第 196 号发布，根据 2016 年 2 月 6 日《国务院关于修改部分行政法规的决定》修订）。

(4)《供电营业规则》(1996年10月8日中华人民共和国电力工业部令第8号)。

(5)《重要电力用户供电电源及自备应急电源配置技术规范》(GB/T 29328—2018)。

(6)《国家电网公司用户安全用电服务若干规定》(国家电网企管〔2019〕841号)。

(7)《国家电网有限公司营销现场作业安全工作规程(试行)》(国家电网营销〔2020〕480号)。

(8)《国网营销部关于印发营销专业标准化作业指导书的通知》(营销综〔2020〕67号)。

(9)《国家电网有限公司员工奖惩规定》[国网(人资/4)148-2021]。

第二节 电力法律法规

一、法律法规体系

(一)法律法规体系介绍

2008年3月8日,全国人民代表大会常务委员会委员长吴邦国向大会做工作报告宣布:中国特色社会主义法律体系已经基本形成。至此,我国形成了以宪法为核心,以法律为主干,包括行政法规、地方性法规等规范性文件在内的,由七个法律部门、三个层次法律规范构成的法律体系。我国法律体系的层次直接与我国立法体制相关,立法体制决定了法律体系层次的划分。

法律由全国人民代表大会及其常务委员会行使国家立法权制定。行政法规由国务院根据宪法和法律制定。地方性法规,省、自治区、直辖市人民代表大会及其常务委员会在不与宪法、法律、行政法规相抵触的前提下,可以制定。此外,国务院各部、各委员会、中国人民银行、审计署和具有行政管理职能的直属机构,可根据法律和国务院的行政法规、决定、命令,在本部门权限范围内,就执行法律、行政法规的事项，制定规章。

（二）法律法规的效力等级和适用原则

在我国法律体系框架下，法律、行政法规、部门规章、地方性法规、地方性规章等有不同的效力等级和适用原则。根据《中华人民共和国立法法》规定：宪法具有最高的法律效力，一切法律、行政法规、地方性法规、自治条例和单行条例、规章都不得同宪法相抵触。

法律的效力高于行政法规、地方性法规、规章。行政法规的效力高于地方性法规、规章。地方性法规的效力高于本级和下级地方政府规章。省、自治区的人民政府制定的规章的效力高于本行政区域内较大的市人民政府制定的规章。自治条例和单行条例依法对法律、行政法规、地方性法规作变通规定的，在本自治地方适用自治条例和单行条例的规定。经济特区法规根据授权对法律、行政法规、地方性法规作变通规定的，在本经济特区适用经济特区法规的规定。部门规章之间、部门规章与地方政府规章之间具有同等效力，在各自的权限范围内施行。

二、电力法律法规节选

（一）《中华人民共和国民法典》合同篇

第十章　供用电、水、气、热力合同

第六百四十八条　供用电合同是供电人向用电人供电，用电人支付电费的合同。

向社会公众供电的供电人，不得拒绝用电人合理的订立合同要求。

第六百四十九条　供用电合同的内容一般包括供电的方式、质量、时间，用电容量、地址、性质，计量方式，电价、电费的结算方式，供用电设施的维护责任等条款。

第六百五十条　供用电合同的履行地点，按照当事人约定；当事人没有约定或者约定不明确的，供电设施的产权分界处为履行地点。

第六百五十一条　供电人应当按照国家规定的供电质量标准和约定安全供电。供电人未按照国家规定的供电质量标准和约定安全供电，造成用电人损失的，应当承担赔偿责任。

第六百五十二条　供电人因供电设施计划检修、临时检修、依法限电或者用电人违法用电等原因，需要中断供电时，应当按照国家有关规定事先通知用电人；未事先通知用电人中断供电，造成用电人损失的，应当承担赔偿责任。

第六百五十三条　因自然灾害等原因断电，供电人应当按照国家有关规定及时抢修；未及时抢修，造成用电人损失的，应当承担赔偿责任。

第六百五十四条　用电人应当按照国家有关规定和当事人的约定及时支付电费。用电人逾期不支付电费的，应当按照约定支付违约金。经催告用电人在合理期限内仍不支付电费和违约金的，供电人可以按照国家规定的程序中止供电。

供电人依据前款规定中止供电的，应当事先通知用电人。

第六百五十五条　用电人应当按照国家有关规定和当事人的约定安全、节约和计划用电。用电人未按照国家有关规定和当事人的约定用电，造成供电人损失的，应当承担赔偿责任。

第六百五十六条　供用水、供用气、供用热力合同，参照适用供用电合同的有关规定。

（二）《中华人民共和国电力法》

第四条　电力设施受国家保护。

禁止任何单位和个人危害电力设施安全或者非法侵占、使用电能。

第三十二条 用户用电不得危害供电、用电安全和扰乱供电、用电秩序。

对危害供电、用电安全和扰乱供电、用电秩序的，供电企业有权制止。

第七十一条 盗窃电能的，由电力管理部门责令停止违法行为，追补电费并处应交电费五倍以下的罚款；构成犯罪的，依照刑法第一百五十一条或第一百五十二条（新刑法第二百六十四条）的规定追究刑事责任。

（三）《电力供应与使用法规》

第三十条　用户不得有下列危害供电、用电安全，扰乱正常供电、用电秩序的行为：

1. 擅自改变用电类别；

2. 擅自超过合同约定的容量用电；

3. 擅自超过计划分配的用电指标的；

4. 擅自使用已经在经供电企业办理暂停使用手续的电力设备，或者擅自启用已经被供电企业查封的电力设备；

5. 擅自迁移、变动或者擅自操作供电企业的用电计量装置、电力负荷控制装置、供电设施以及约定由供电企业调度的隐患受电设备；

6. 未经供电企业许可，擅自引用、供出电源或者将自备电源擅自并网。

第三十一条　禁止窃电行为。窃电行为包括：

1. 在供电企业的供电设施上，擅自接线用电；

2. 绕越供电企业用电计量装置用电；

3. 伪造或者开启供电企业加封的用电计量装置封印用电；

4. 故意损坏供电企业用电计量装置用电；

5. 故意使供电企业用电计量装置不准或者失效用电；

6. 采用其他方式窃电。

第三十三条　供用电合同应当具备以下条款：

1. 供电方式、供电质量和供电时间；

2. 用电容量、用电地址和用电性质；

3. 计量方式、电价和电费结算方式；

4. 供电设施维护责任的划分；

5. 合同有效期限；

6. 违约责任；

7. 双方共同认为应当约定的其他条款。

（四）《供电营业规则》

1. 违约用电

第一百条：危害供用电安全、扰乱正常供用电秩序的行为，属于违约用电行为。有下列违约用电行为者，应承担其相应的违约责任：

（1）在电价低的供电线路上，擅自接用电价高的用电设备或私自改变用电类别的，应按实际使用日期补交其差额电费，并承担二倍差额电费的违约使用电费。使用起讫日期难以确定的，实际使用日期按三个月计算。

（2）私自超过合同约定的容量用电的，除应拆除私自容量设备外，属于两部制电价的用户，应补交私自增容设备容量使用月数的基本电费，并承担三倍私增容量基本电费的违约使用电费；其他用户应承担私增容量每千瓦（千伏安）50元的违约使用电费。如用户要求继续使用者，按新装增容办理手续。

（3）擅自使用已在供电企业办理暂停手续的电力设备或启用供电企业封存的电力设备，应停用违约使用的设备。属于两部制电价的用户，应补交擅自使用或启用封存设备容量和使用月数的基本电费，并承担二倍补交基本电费的违约使用电费；其他用户应承担擅自使用或启用设备容量每次每千瓦（千伏安）30元的违约使用电费。启用属于私自增容被封存的设备的，违约使用者还应承担擅自增容的违约责任。

（4）私自迁移、变动和擅自操作供电企业用电计量装置、电力负荷管理装置、供电设施以及约定由供电企业调度的用户受电设备者，属于居民用户的，应承担每次500元违约使用电费；属于其他用户的，应承担每次5000元的违约使用电费。

2. 窃电

第一百零一条　禁止窃电行为包括：

（1）在供电企业的供电设施上，擅自接线用电；

（2）绕越供电企业用电计量装置用电；

（3）伪造或者开启供电企业加封的用电计量装置封印用电；

（4）故意损坏供电企业用电计量装置用电；

（5）故意使供电企业用电计量装置不准或者失效用电；

（6）采用其他方式窃电。

第一百零二条　供电企业对查获的窃电者，应予制止，并可以当场终止供电。窃电者应按所窃电量补交电费，并承担补交电费三倍的违约使用电费。拒绝承担窃电责任的，供电企业应报请电力管理部门依法查处。窃电数额较大的或情节严重的，供电企业应提请司法机关依法追究刑事责任。

第一百零三条　窃电量按下列方案确定：

在供电企业供电实施上，私自接线用电的，所窃电量按私接设备容量（千伏安视同千瓦）乘以实际使用时间计量确定；以其他行为窃电的，所窃电量按计费电能表标定电流值（对装有限流器的，按限流器整定电流值）所指的容量（千伏安视同千瓦）乘以实际窃用时间计算确定；

窃电时间无法查明的，窃电日数至少以一百八十天计算，每日窃电时间：电力用户按 12 小时计算，照明用户按 6 小时计算。

第一百零四条　因违约用电或窃电造成供电企业的供电设施损坏的，责任者必须承担供电设施的修复费或进行赔偿。

（五）《新疆维吾尔自治区反窃电办法》

第三条　本办法所称窃电是指以非法占有电能为目的，采用隐蔽或者其他手段实施的下列不计量或者少计量用电的行为：

1. 在供电企业的供电设施或者其他用户的用电设施上擅自接线用电；

2. 绕越用电计量装置用电；

3. 伪造或者开启加封的用电计量装置封印用电；

4. 故意损坏用电计量装置；

5. 故意使用电计量装置不准或者失效；

6. 使用装置窃电；

7. 伪造电费卡或者非法对电费卡充值用电；

8. 采用其他办法窃电。

第四条　任何单位和个人不得以任何方式窃电，不得教唆或者指使、协助、胁迫他人窃电，不得生产、销售或者提供窃电装置。

第五条　县级以上人民政府负责管理电力的部门对本行政区域内反窃电工作进行监督管理，依法制止和查处窃电行为（公安、工商、计划、质量技术监督等部门按照各自的职责，负责反窃电的相关工作）。

第六条　任何单位和个人都应当维护供用电秩序，有权举报窃电和生产、销售、提供窃电装置的行为。

县级以上人民政府或者负责管理电力的部门应当为举报者保密；经查证属实的，应当给予奖励。

第七条　供电企业安装和使用的用电计量装置应当经质量技术监督部门或者其授权的计量检定机构检定并加封。

供电企业应当按照规定的周期对安装在用户处的用电计量装置的计费电能表进行检查、校验或者换装服务。

第八条　安装在用户处的用电计量装置，由用户负责保护。

用户发现用电计量装置损坏、丢失或者发生故障，应当及时告知供电企业。

第十四条　供电企业为制止窃电行为，可依法对窃电用户中止供电。中止供电，应当符合下列条件：

1. 予以事先通知；

2. 采取了防范设备重大损失和人身伤害的措施；

3. 不影响社会公共利益或者社会公共安全；

4. 不影响其他用户正常用电。

第二十一条　窃电量按照下列方法计算：

1. 以本办法第三条第 1 项所列方法窃电的，按照所接用电设备的额定容量乘以实际窃电时间计算；（二）以本办法第三条第 2 项至第 8 项所列方法进行窃电的，可以根据情况，采用以下方法计算：

（1）按照同属性单位正常用电的单位产品耗电量或者同类产品平均电能单耗乘以窃电者的产品产量，加上其他辅助用电量，再减去用电量装置的抄见电量计算；

（2）按照窃电后用电计量装置的抄见电量与窃电前正常的月平均用电量的差额，并根据实际用电变化确定；窃电前正常用电超过 6 个月的，按照 6 个月计算月平均用电量，窃电前正常用电不足 6 个月的，按照实际正常用电时间计算月平均用电量；

（3）采用上述方法难以计算窃电电量的，按照用电计量装置标定的电流值（对装有限流器的，按照限流器整定电流值）所指的容量（千伏安视同千瓦），乘以实际窃电时间计算；通过互感器窃电的，计算窃电量时还应当乘以相应的倍率；

（4）在总表上窃电的，若分表正常计量，按分表电量及正常损耗之和与总表抄见电量的差额计算；专线供电，安装关口计量装置的，可以依据关口计量与用户端抄见电量的差额计算；

（5）安装负荷监控装置等用电现场管理终端设备的，可以按照负荷监控装置等设备记录的负荷曲线计算。实际窃电时间无法查明的，窃电日数至少按照 180 天（实际用电时间不足 180 天的按照实际用电天数）计算。每日窃电时间，居民照明用户按照 6 小时计算，其他用户按照 12 小时计算。

第二十四条　违反本办法规定，教唆、指使、协助、胁迫他人窃电的，由负责管理电力的部门责令其停止违法行为，并处 5000 元以上 20000 元以下罚款；构成违反治安管理行为的，由公安机关依法予以处罚；构成犯罪的，依法追究刑事责任。

第二十五条　违反本办法规定，生产、销售窃电装置的，由质量技术监督部门或者工商行政管理部门依职责责令其停止违法行为，没收生产、销售的窃电装置，并处5000元以上30000元以下罚款；提供窃电装置的，由负责管理电力的部门责令其停止违法行为，收缴窃电装置，并处2000元以上10000元以下罚款。

第二十六条　单位窃电或者生产、销售窃电装置的，负责查处的有关行政管理部门应当将行政处罚情况记入企业信用信息系统。

第二十七条　供电企业违反本办法规定，中止供电或者未按时恢复供电，给用户造成经济损失的，应当依法承担赔偿责任。

第二十八条　因窃电行为造成供用电设施损坏、停电事故或者导致他人人身伤害、财产损失的，窃电的用户应当依法承担民事责任。

第三十条　拒绝、阻碍电力监督检查人员执行公务，或者采用暴力、威胁手段妨碍用电检查人员进行用电安全检查，构成违反治安管理行为的，由公安机关依法予以处罚；构成犯罪的，依法追究刑事责任。

第三十一条　负责管理电力的部门及其工作人员在履行反窃电职责时玩忽职守、滥用职权、徇私舞弊的，由其所在单位或者有关主管部门给予行政处分；构成犯罪的，依法追究刑事责任。

（六）《供用电监督管理办法》

第十三条　各级电力管理部门负责本行政区域内发生的电力违法行为查处工作。上级电力管理部门认为必要的，可直接查处下级电力管理部门管辖的电力违法行为，也可将自己查处的电力违法事件交由下级电力管理部门查处。对电力违法行为情节复杂，需有上一级电力管理部门查处更为适宜时，下级电力管理部门可报请上一级电力管理部门查处。

第十七条　符合下列条件之一的电力违法行为，电力管理部门应当立案：

1. 具有电力违法事实的；

2. 依照电力法规可能追究法律责任的；

3. 属于本部门管辖和职责范围内处理的。

第二十八条　电力管理部门对危害供电、用电安全，扰乱正常供电、用电秩序的行为，除协助供电企业追缴电费外，应分别给予下列处罚：

1. 擅自改变用电类别的，应责令其改正，给予警告；再次发生的，可下达中止供电命令，并处以一万元以下的罚款；

2. 擅自超过合同用电约定容量用电的，应责令其改正，给予警告；拒绝改正的，下达中止供电命令，并按私增容量每千瓦或每千伏安 100 元，累计总额不超过五万元的罚款；

3. 擅自超过计划分配用电指标用电的，应责令其改正，给予警告，并按照用电力、电量分别处以每千瓦每次五元或每千瓦时十倍电度电价，累计总额不超过五万元的罚款；拒绝改正的，可下达中止供电命令；

4. 擅自使用已在供电企业办理暂停手续的电力设备，或者擅自启用已被供电企业查封的电力设备的，应责令其改正，给予警告；启用电力设备危及电网安全的，可下达中止供电命令，并处每次二万元以下的罚款；

5. 擅自迁移、变动和擅自操作供电企业用电计量装置、电力负荷管理装置、供电设施以及约定由供电企业调度的用户受电设备且不构成窃电和超指标用电的，应责令其改正，给予警告；造成他人损害的，还应责令其赔偿；危及电网安全的，可下达中止供电命令，并处以三万元以下的罚款；

6. 未经供电企业许可，擅自引入、供出电力或者将自备电源擅自并网的，应责令其改正，给予警告；拒绝改正的，可下达中止供电命令；并处以五万元以下的罚款；

第二十九条　电力管理部门对盗窃电能的行为，应责令其停止违法行为，并处以应交电费五倍以下罚款；构成违反治安管理行为的，由公安机关依照治安管理处罚条例的有关规定予以处罚；构成犯罪的，依照《中华人民共和国刑法》第一百五十一条或第一百五十二条的规定追究刑事责任。

第三节 安 全 管 理

安全生产是国家的一项长期基本国策，是保护劳动者的安全、健康和国家财产，促进社会生产力发展的基本保证，也是保护社会主义经济发展，进一步实行改革开放的基本条件。因此，做好安全生产工作具有重要意义。

一、安全基本要求

（1）严格用电检查工作计划的刚性管理，不临时动议安排工作。加强用电检查计划的编制和刚性执行，减少和避免重复、临时工作，严格执行公司统一的用电检查工作流程。

（2）严格执行工作票（单）制度。在高压供电用户的电气设备上作业必须填用工作票，在低压供电用户的电气设备上作业必须使用工作票或工作任务单（作业卡），并明确供电方现场工作负责人和应采取的安全措施，严禁无票（单）作业。用户电气工作票实行由供电方签发人和用户方签发人共同签发的“双签发”管理。

（3）严格执行工作许可制度。在高压供电用户的主要受电设施上从事相关工作，实行供电方和用户方“双许可”制度，其中，用户方许可人由具备资质的电气工作人员许可，并对工作票中所列安全措施的正确性、完备性，现场安全措施的完善性以及现场停电设备有无突然来电的危险等内容负责。双方签字确认后方可开始工作。

（4）严格执行工作监护制度。在用户电气设备上从事相关工作，现场工作负责人或专责监护人在作业前必须向全体作业人员统一进行现场安全交底，使所有作业人员做到“四清楚”（即作业任务清楚、现场危险点清楚、现场的作业程序清楚、应采取的安全措施清楚），并签字确认。在作业过程中必须认真履行监护职责，及时纠正不安全行为。

（5）严格落实安全技术措施。在用户电气设备上从事相关工作，必须落实保证现场作业安全的技术措施（停电、验电、装设接地线、悬挂标识牌和安装遮拦等）。由用户方按工作票内容实施现场安全措施后，现场工作负责人与用户许可人共同检查并签字确认。

（6）严格落实现场安全风险预控措施。根据工作内容和现场实际，认真做好现场风险点辨识与预控，重点防止走错间隔、误碰带电设备、高空坠落、电流互感器二次回路开路、电压互感器二次短路等，坚决杜绝不验电、不采取安全措施以及强制解锁、擅自操作用户设备等违章行为。

（7）严格执行个人安全防护措施。进入用户受电设施作业现场，所有人员必须正确佩戴安全帽、穿棉制工作服、正确使用合格的安全工器具和安全防护用品。

（8）加强安全学习培训。将提升用电检查从业人员安全素质建设作为长期性、基础性工作，紧密结合用电检查作业特点和营销员工在应用安全知识方面的薄弱点，采取合理有效的培训和考核方式，以学习《国家电网有限公司营销现场作业安全工作规程》等安全规章制度为重点，结合专业实际开展案例教育、岗位培训，进一步提高营销人员安全意识、安全风险辨识能力和现场操作技能。

二、用电检查安全注意事项

近几年来，我国社会生产力及人们生活水平得到进一步提高，用电需求量不断增大，对用电安全提出了更高要求。用电检查是确保电力系统正常运行，及时发现和消除各种隐患，确保电力高效供应的重要手段，同时也是供电企业与用电用户沟通的窗口与桥梁，其涉及内容繁杂且覆盖面广，工作开展难度较大，使用电检查工作人员工作过程中的风险加大，极易造成安全事故的发生。用电检查工作人员必须遵守《国家电网有限公司营销现场作业安全工作规程》，严防各类事故的发生。

1. 作业人员

（1）经医生鉴定，无妨碍工作的病症，精神状态身体状况良好。

（2）具备必要的安全生产知识，学会紧急救护法，特别是学会触电急救。

（3）接受相应的安全生产知识教育和岗位技能培训，掌握营销现场作业必备的电气知识和业务技能。

（4）作业人员应被告知其作业现场和工作岗位存在的危险因素、防范措施及事故紧急处理措施。作业前，设备运维管理单位（用户专职电工）应告知现场电气设备接线情况、危险点和安全事项。

（5）用电检查工作应至少两人同时进行，一人工作一人监护，严禁一人单独开展工作。

2. 作业前

（1）如遇雷电、大风、大雾、雨、雪等恶劣天气，根据《国家电网有限公司营销现场作业安全工作规程》要求进行检查。

（2）现场作业至少两人进行，进入作业现场应正确佩戴安全帽，作业人员还应穿全棉长袖工作服、绝缘鞋。

（3）检查所带工具是否齐备且绝缘良好（含照明设备）。

（4）用电检查工作应根据电压等级（低压、高压）办理相应工作票。

3. 作业现场

（1）对计量装置（电能表、互感器、计量箱、接线端子盒、连接导线及计量箱）和变压器进行外观检查，工作负责人用相应电压等级的接触式验电器或测电笔对金属表箱外壳验电，确认确无电压且接地良好后方可开始工作。

（2）打开计量箱，确认是否有金属裸露部分，如有金属裸露部分应采取防止误碰的安全措施，检查表计参数、运行情况、显示示数是否出现异常。

（3）对于需要更改电能表接线的情况，应先将接线端子盒电压连片开路（防止电压互感器二次回路短路）、电流连片短路（防止电流互感器二次回路开路），并用万用表（应选择适当的量程）或验电器验明表尾电压为零，电流趋于零值后，方可更改接线。

(4) 对于需要核对电流互感器变比、变压器铭牌容量是否与系统一致时，检查人员应戴相应电压等级绝缘手套，使用相应电压等级的绝缘杆进行操作并与带电设备保持足够的安全距离。

(5) 对于需要登高作业的工作采取相应的防坠落措施：①确需要使用梯子，要求绝缘梯子与地面的角度在60°左右，工作人员必须登在距梯顶不少于1m的梯蹬上工作，应对梯子采取可靠防滑措施，人在梯子上，禁止移动梯子；②使用的凳子，要求是绝缘、牢固、稳定性好的。

(6) 现场检查必须有用户侧运维人员全程陪同，要求用户进行现场安全交底，做好相关安全技术措施，掌握带电设备位置，不得擅自操作用户设备，严防触电事故的发生。

(7) 现场作业终端使用过程中应符合《国家电网有限公司营销现场作业终端安全管理要求》。

第四节　服　务　规　范

一、服务规范基本概念

《国家电网公司供电服务质量标准》中定义，供电服务是指服务提供者遵循一定的标准和规范，以特定方式和手段，提供合格的电能产品和满意的服务来实现用户现实或者潜在的用电需求的活动过程。供电服务包括供电产品提供和供电用户服务。服务规范是描述服务提供过程得到的结果所应满足的特性要求。用电检查是供电企业为了保证电网安全、可靠、经济运行，确保供用电秩序正常，依据电力法律法规和供用电合同约定对用户进行检查监督和指导帮助的民事服务行为。用电检查工作人员需要指导用户正确用电、督促用户停止违约用电、宣传窃电是严重违法行为、依法检查用户供用电合同履行情况等上门服务工作。作为用电检查工作人员，学习服务规范、按照标准开展工作是提高工作效率、展示企业良好社会形象的需要。

二、用户现场服务规范

（1）到用户现场服务前，有必要且有条件的，应与用户预约时间，讲明工作内容和工作地点，请用户予以配合。

（2）进入用户现场时，应主动出示工作证件，并进行自我介绍。进入居民室内时，应先按门铃或轻轻敲门，主动出示工作证件，征得同意后，穿上鞋套，方可入内。

（3）到用户现场工作时，应遵守用户内部有关规章制度，尊重用户的风俗习惯。

（4）到用户现场工作时，应携带必备的工具和材料。工具、材料应摆放有序，严禁乱堆乱放。如需借用用户物品，应征得用户同意，用完后先清洁再轻轻放回原处，并向用户致谢。

（5）如在工作中损坏了用户原有设施，应尽量恢复原状或等价赔偿。

（6）原则上不在用户处住宿、就餐，如因特殊情况确需在用户处住宿、就餐的，应按价付费。

三、现场检查服务规范

（一）现场检查服务规范

（1）供电企业在检查电能计量装置后加封，并请用户在工作凭证上签章。

（2）用电检查人员依法到用户用电现场执行用电检查任务时，主动向被检查用户出示“用电检查证”，并按《用电检查工作单》确定的项目和内容进行检查。

（3）用电检查人员不得在检查现场替代用户进行电工作业。

（二）用户现场注意事项

（1）严禁酒后查电和疲劳查电。酒后或疲劳时进行用电检查，违反安全作业规程，容易发生人身安全事故。

（2）禁止无关人员，尤其是儿童，进入用电检查现场。

（3）用电检查遇到情节严重或突发事件时，及时与供电公司联系，报请公安部门介入或报电力管理部门处理。

（4）用电检查期间不要与违约用电或窃电者发生冲突，以免发生侵犯人身权利案件。

（三）用户现场情绪管理

在用电检查过程中，遇到无理取闹和有暴力威胁的用户，要依靠电力管理部门和公安机关，避免不必要的纠纷和意外发生，加强自我保护意识。另外，用电检查工作人员在现场与用户沟通过程中需要注意情绪管理，以防发生正面冲突使事态失控，造成损害企业形象的不良后果。在遇到双方沟通不畅的情况下，应该保持大局意识，以达到解决问题为目的，表达过程注意措辞，如有必要暂停沟通，并及时进行自我反省。

第二章 用户用电安全服务

鉴于供用电双方的供用电设施构成电力网络，产生相互影响，为保证电网和用电用户的安全，根据国家电力法律法规赋予供电企业到用电用户处检查的民事权利，开展用户现场用电检查是必不可少的。

第一节 定期安全服务

定期安全服务是指对电力用户按一定的周期开展的用电检查，根据电力用户在本营业区域的分布情况、设备安全运行情况制订检查计划，并按照计划开展检查工作。根据国家有关电力供应与使用的法规、方针、政策和电力行业标准，按用户的用电负荷性质、电压等级、服务要求等情况，确定用户的检查周期，编制周期检查服务年检查计划、月度计划，对用户用电安全及电力使用情况进行检查服务。

按照不同电压等级用户，对定期安全服务周期规定如下：特级、一级高危及重要用户每三个月至少检查一次，二级高危及重要用户每六个月至少检查一次，临时性高危及重要用户根据其实际用电需要开展用电检查工作；35kV 及以上电压等级的用户，宜 6 个月检查 1 次；10（6）kV 用户，宜 12 个月检查 1 次；对 380V（220V）低压用户，应加强用电安全宣传，根据实际工作需要开展不定期安全检查；具备条件的，可采用状态检查的方式开展检查；同一用户符合以上两个条件的，以短周期为准。

一、检查范围

周期检查的主要范围是用户受电装置和计量装置，用户受电装置主要包括用户变（配）电站、配电室、用户线路（含架空线路、杆塔、接地装置、电缆线路等)、柱上变压器等；计量装置主要包括计量箱（柜、屏)、电能表、互感器及其二次回路接线等，但若被检查用户有特殊要求者，检查的范围可延伸至相应目标所在处。

二、检查内容

目前我们将所有用电用户按电压等级划分，用户电压等级不同，检查内容也不相同，下面分别讲述不同电压等级用户的现场检查内容。

（一） 低压用户检查内容

1. 低压配电房安全状况检查

主要检查低压用户的室内配线、配电室配线、用电设备等是否有威胁人身设备安全的隐患，其主要设备的绝缘电阻以及重复接地电阻是否定期测试。

2. 低压柜、 配电盘的检查

(1) 外观检查低压柜、配电盘等设备运行是否正常，有无变色和异味。

(2) 操作机构是否灵活。

(3) 接线是否牢固。

(4) 指示仪表是否正常。

3. 计量装置

(1) 计量柜（箱）封印、计量地点、计量方式。

(2) 计量装置运行有无异常，接线是否正确牢固。

(3) 计量用电能表出厂编号、型号、规格及资产号是否与台账相符。

(4) 计量互感器外观是否变色，有异味。

(5) 计量用互感器变比、型号、编号及资产号等信息是否与台账相符。

4. 安全工器具和消防器材

配电房应配置相应的安全工器具和消防器材，所有安全工器具应在试验合格有效期内。

5. 其他方面

（1）用户实际用电性质与报装时的用电性质是否相符。

（2）用户实际用电设备的总负荷与报装时备案的报装容量是否相符。

（3）用户执行电价与实际用电性质是否相符。

（4）供用电合同约定的其他项目与实际是否相符等。

（二）10kV 用户检查内容

1. 检查内容

（1）核对用户基本情况。重点核对用户户名、地址、用电类别、用电负责人、停送电联系人、联系电话、受电电源、设备编号、电气设备主接线、受电设备参数（如用电容量、互感器变比等）、生产班次、生产工艺流程、负荷构成、负荷变化情况：非并网自备电源的接线与连锁、容量等情况。

（2）检查用户执行国家有关电力法规、方针、政策、标准、规章制度情况。

（3）检查用户特种作业操作证（电工）、进网作业安全状况及作业安全保障措施。

（4）检查《供用电合同》及有关协议履行和变更情况。

（5）检查用户变电站（所）内各种规章制度、管理运行制度及安全防护措施的执行情况。

（6）检查用户变电站（所）安全防护措施情况。如防小动物、防雨雪、防火、防触电等措施。安全用具、临时接地线、消防器具是否齐全且试验合格。

（7）检查用户供电事故应急预案的编制及演练情况，督促用户制订电力故障反事故措施。

（8）检查操作票、工作票及工作许可制度执行情况。

（9）检查电能计量装置及运行情况，检查计量配置是否合理。

（10）检查用户受电端电能质量状况，针对影响电能质量的冲击性、非线性、非对称性负荷，采取相应监测、治理措施。

(11) 检查用户无功补偿设备投运情况和功率因数情况，督促用户达到《供电营业规则》第四十条规定的当电网高峰负荷时用户应达到功率因数值。

(12) 检查多回路电源（含自备发电机）闭锁装置及反送电措施。

(13) 检查用户高压电气设备的周期试验情况、保护整定值是否合理及继电保护和自动装置周期校验情况。

(14) 督促用户对国家明令淘汰的用电设备进行更新、改造。

(15) 检查用户对前次检查发现设备安全缺陷的处理情况和其他需要采取改进措施的落实情况。

(16) 了解用户生产工艺流程，检查用户是否存在可执行错、避峰用电的用电设备，以及相关的节能措施。

(17) 检查供电企业是否与用户签订有关错、避峰用电协议，以及用户在电网负荷高峰期错、避峰用电的执行情况。

(18) 检查系统及用户电气设备安全运行情况，是否具备防止反送电事故措施。

(19) 检查用户是否存在违约用电、窃电行为。

(20) 法律规定的其他检查。

（三）35kV及以上用户检查内容

对35kV及以上用户变电站的巡视检查内容，除包括10kV用户检查内容外，还应检查以下内容：

1. 用户受（送）电装置中电气设备及相应的设施运行安全状况

(1) 变压器。

1) 油浸式电力变压器上层油温一般不宜超过85℃，最高不得超过95℃，温升不得超过55℃。

2) 变压器是否在规定的使用条件下，按铭牌规定容量运行，应避免过负荷运行，有无不正常异声、异味。

3) 变压器外壳接地线及铁芯经小套管接地的引下线接地是否良好。

4）套管及引线接头有无发热及变色现象，套管是否清洁，有无破损、裂纹、放电痕迹等缺陷情况，防爆管及防爆玻璃不得有渗油或损坏现象。

5）有载调压开关及冷却装置状况，电源自动切换及信号情况；储油柜、套管的油色正常，油位应在相应环境温度的监视线上。

6）气体继电器内有无气体及渗漏油现象，连接的油门是否打开。

7）各连接部件接缝处无渗漏油现象，接地线应牢固无断股。

8）温度控制装置动作是否正常，冷却风机是否正常工作。

9）呼吸器变色硅胶变色是否正常，有无堵塞现象。

10）其他外观检查有无脱漆、锈蚀、裂纹、渗油、明显螺栓松动等现象。

（2）高压成套柜、装置。

1）高压成套柜应具备“五防”功能（具备防误分、误合断路器，防止带负荷分、合隔离开关或隔离插头，防止接地开关合上时或带接地线送电，防止带电合接地开关或挂接地线，防止误入带电间隔）。

2）高压成套柜内部应有用来实现“五防”的机械连锁，并应有足够的机械强度且操作灵活，外部机械挂锁齐全。

3）高压成套柜开关仓面板上开关分闸、合闸位置指示灯，弹簧已储能指示灯，手车试验位置、工作位置指示灯应指示正常。

4）通过观察窗检查，一次铜排表面有无腐蚀、变色现象，电缆有无放电现象，观察窗上是否有水汽，所有绝缘件是否完整，有无损伤、裂纹、放电痕迹，电压、电流互感器表面是否清洁，是否有损伤、裂纹、放电痕迹。

5）其他外观检查柜体有无变形，锈蚀程度如何，各门、面板及锁是否完整且关闭正常。

（3）高压进线断路器、高压跌落式熔断器、负荷开关（柜、间隔）。

1）检查断路器是否正常。老式断路器油位正常，不渗油，SF_6 断路器应压力正常，无任何闭锁信号，并附有压力温度关系曲线。位置显示装置、带电显示装置工作指示正确，机构箱内有防潮、驱潮措施，箱门关闭严密，液压操作机构也应不渗漏油，其压力在规定范围之内。

2）闸刀（隔离开关）及负荷开关的固定触头与可动触头接触良好，无发热现象；操作机构和传动装置应完整、无断裂；操作杆的卡环和支持点应不松动，不脱落。

3）负荷开关的消弧装置是否完整无损。

4）高压熔断器的熔丝管是否完整，无裂纹，导电部分应接触良好，保护环不应缺损或脱落。

5）高压跌落式熔断器、熔丝管应无变形，接触良好，无滋火现象。

6）断路器内有无放电声和电磁振动声。

（4）母线 TV 柜。电压互感器一、二次熔丝接触良好，电压表指示正常。

（5）高压电容器、调相器。

1）运行电压在正常运行范围内。

2）内部有无不正常声响，有无放电痕迹。

（6）直流屏、控制屏。

1）表计指示是否正常，指示灯应明亮，直流装置内部无异常声响。直流元件无损坏、发热、焦臭气味。

2）所有表计指示是否正常，有无指针弯曲、卡死等现象。

3）各仪表有无停转、倒转等不正常现象。

4）检查浮充电运行的蓄电池，浮充电电流、硅整流工作指示是否正常。

（7）低压开关柜、出线柜。

1）负荷分配应正常。电路中各连接点无过热现象，三相负荷、电压应平衡。电路末端电压降未超出规定。

2）各低压设备内部应无异响、异味，表面应清洁。

3）工作和保护接地连接良好，无锈蚀断裂现象。

4）柜上二次显示设备是否显示正常，有无缺损。

5）其他外观检查柜体有无变形，锈蚀程度如何，各门、面板及锁是否完整且关闭正常。

(8) 低压无功补偿柜。

1）电容器运行电压在正常运行范围内，不得超过额定电压的5%，短时运行电压不得超过10%。

2）电容器运行电流不得超过额定值电流的130%（包括谐波电流），而三相不平衡电流不应超过10%。

3）电解电容器是否有漏液、“冒顶”和膨胀等现象。

4）熔断器熔断或断路器跳闸。

5）电容器内部有无不正常声响和放电痕迹。

(9) 低压出线电缆。

1）引入室内的电缆穿管处是否封堵严密。

2）沟道盖板是否完整无缺，电缆沟内有无积水及杂物，电缆支架是否牢固，有无锈蚀现象。

3）电缆的各种标示牌有否脱落，裸铅包电缆的铅包有无腐蚀现象。

4）引线与接线端子连接是否良好，有无发热现象，芯线或引线的相间及其对地距离是否符合规定，相位颜色明显。

(10)“四防一通”措施。

变配电室是否满足防雨雪、防汛、防火、防小动物、通风良好的要求，并应装设门禁措施。

(11) 变电站管理情况。

1）进门通道是否畅通。

2）站内积灰是否严重，是否有漏水现象，有无杂物堆积。

3）电缆沟盖板是否完好，是否安装紧密，空隙和孔洞是否全部封堵紧密。

4）配电室门窗完整，照明、通风良好，温湿度正常。

5）模拟图与实际设备一致。

6）高低压设备双重编号齐全。

2. 用户自备应急电源和非电性质的保安措施

（1）应有与供电公司签订的自备发电机组相关协议。

（2）不得擅自改变已批准的自发电主接线方案，拆除连锁装置或移位，确需变更，应到供电公司办理有关手续。

（3）自备应急电源与电网电源之间必须安装安全可靠的连锁装置，防止向电网倒送电。

（4）自发电装置应定期检查，每月应做一次传动试验，定期检查起动操作电源蓄电池的运行状况良好、电压正常，自动投切装置、连锁装置、接地装置运行良好。

（5）用户失去全部电源后，为保证安全，是否具备非电性质的应急手段和方法。

3. 用户反事故措施

（1）反事故预案执行情况。

1）是否编制电力反事故预案。

2）是否定期开展反事故演习。

（2）规章制度执行情况。

1）各类制度是否建立。包括人员岗位责任制度、交接班制度、巡视检查制度、设备定期切换试验制度、设备检修和验收制度、运行分析制度、缺陷管理制度、电气运行人员培训制度。

2）各类记录是否齐全。包括运行日志（含用户产权外电源线路巡视运维记录）、开关跳闸及事故记录、设备修试记录、设备缺陷记录、继保工作记录、防雷保护及绝缘监督记录、蓄电池维护记录、培训记录、安全活动记录、外来人员记录。

4. 特种作业操作证（电工）、进网作业安全状况及作业安全保障措施

(1) 检查电工是否按照如下要求配置：

1) 电力用户变（配）电站应按四值三班轮值制配备专职运行值班电工，每班至少两人，由技术熟练者担任正值。

2) 是否取得相应特种作业操作资格证。

(2) 安全工器具。

1) 安全工器具是否摆放整齐，配置数量是否到位。

2) 安全工器具是否定期开展绝缘测试等试验。

3) 消防设备是否齐备、超期。

5. 电能计量装置、电力负荷控制装置、继电保护和自动装置、调度通信等安全运行状况

(1) 电能计量装置、电力负荷控制装置安全运行状况。

1) 检查计量箱（柜）、电能表、试验接线盒封印是否缺失，外观是否完好、封印号是否与系统记录一致、各施加封位置封印颜色是否错误。

2) 电能表检定合格证是否完好，有无脱胶或胶水粘贴痕迹，是否出现在异常位置。

3) 电能表外观是否存在破损、电弧灼烧。

4) 有无不明异常线路接入计量回路，是否存在明显改接或错接痕迹，是否存在断线、松动、接触不良、氧化或绝缘处理、短接线接入等情况。

5) 电能表显示的相序、电压、电流、功率、功率因数、当前日期时间、时段，最近一次编程时间，开表盖记录是否存在异常。

6) 是否存在绕越用电线路，低压穿芯式电流互感器一次回路匝数是否正确，铭牌变比是否与系统一致，有无过热、烧焦、铭牌更动痕迹现象。

7) 现场是否存在用途不明的无线电发射装置及无线电天线。

8) 接线盒是否存在接线螺钉异常凸起（对比电流电压螺钉接线情况下差

异）、外观破损、胶合痕迹等。

9）异常强磁干扰（有无磁饱和电流声或有无明显磁场）。

10）负控终端与电能表显示数据是否一致。

（2）继电保护和自动装置、调度通信等安全运行状况。

1）继电保护装置的运行工况是否正常。

微机保护装置显示是否正常，保护整定是否设置正确［是否按整定方案（定值单）要求投入运行］；机械继电器有无外壳破损、接点卡住、变位倾斜、烧伤以及脱轴、脱焊等情况；整定值位置是否变动；各开关红绿灯是否与开关运行位置相符，母线电压互感器切换开关的位置与所测母线位置是否相符；连接片及切换开关位置是否与运行要求一致，各种信号指示是否正常，直流母线电压是否正常。

2）保护及自动装置是否定期校验，有无超周期。

3）信号装置警铃、喇叭、光字牌及闪光装置动作是否正确，调度通信设备是否正常。

6. 受（送）电端电能质量状况

（1）用户端电能质量情况，冲击性、非线性、非对称性负荷运行情况及所采取的治理措施。

（2）无功补偿设备投运情况和功率因数情况。

（3）是否发生电压暂降、闪动、影响电网电能质量事件等。

7. 设备预防性试验开展情况

（1）是否按预防性试验规程试验期限开展预试工作。对规程中仅规定试验周期年限范围的，如1～3年，应督促用户在最长试验周期内试验。

（2）一般情况下，用户电气设备试验可参照如下周期：110kV及以上用户每年一次，35kV用户两年一次，进口电气设备、特殊电气设备按有关规定执行。

8. 并网电源、自备电源（分布式光伏及其配套储能装置等）并网安全状况

（1）光伏组件、汇流箱、逆变器、升压变压器、并网开关等光伏设备运行应

正常。

(2) 用户侧继电保护和安全自动装置的定值设置合理，用户侧防孤岛保护与电网侧保护互相配合。

(3) 现场光伏板规模与系统容量相匹配。

(4) 计量装置正常，安装点未发生变化。

9. 其他需要检查的内容

(1) 用电营业情况。

1) 供用电合同履行情况。

2) 电价执行规范性。

3) 违约用电和窃电行为。

4) 保安电源使用情况。保安电源所接负荷组成，有无生产性负荷；保安电源是否存在对外转供的情况；保安电源是否为用户办公及其他照明供电。

(2) 自备电厂用户情况。

1) 检查自备电厂用户的发电、厂用、上网、下网关口计量装置情况。

2) 检查自备电厂用户每路电源用电负荷情况。

3) 检查自备电厂用户有无对外转供电情况。

4) 检查自备电厂用户履行《机组并网与电力供应协议》等情况。

(3) 用户能效情况。

1) 用户可节能设备情况（水泵、电动机、空压机、灯具以及生产过程中的余热、余压利用）。

2) 用户是否具备增加储能设备条件（分析用户用电时段特性、现场场地及储能意愿）。

3) 用户可实现电能替代设备情况（包含窑炉、中央空调、锅炉、起重机及钻井机等设备）。

(4) 新业务涉及设备运行情况。

1）港口岸电设施运行情况。配电板、分电箱、控制箱是否清洁完好；电缆护套未破损，手持电动工具、灯具完好且接地可靠；无明火电炉，蓄电池间保持通风良好；消防安保设施齐全；电价执行情况。

2）充换电设施运行情况。供电、充电、监控系统运行正常；防锈、防水措施完备，具备锁止、急停、开门等保护功能，设备均可靠接地；消防安保设施齐全；现场无转供其他类别用电情况。

3）储能电站运行情况。电池系统、电池管理系统（BMS）运行正常；储能变流器（PCS）、并网开关、隔离变压器、无功补偿装置、保护配置等应正常；消防安保设施齐全。

第二节 专项安全服务

供电企业的用电检查人员应根据季节性事故特点，做好用户设备季节性安全检查，保证用户安全用电。专项安全服务是指每年的春季、秋季安全检查以及根据工作需要安排的专业性检查，包括季节性专项安全服务、重大节日专项安全服务、重要活动保电专项安全服务、其他临时专项安全服务。检查重点是用户受电装置的防雷情况、电气设备试验情况、继电保护和安全自动装置等情况。

一、检查范围

专项安全服务是对定期安全服务的补充，其检查内容主要包括：季节性专项安全服务、用户事故调查、重大节日专项安全服务、重要活动保电专项安全服务、特殊性检查。

二、检查内容

季节性检查是指每年针对不同季节的特殊天气情况以及根据工作需要安排的专项检查。检查内容包括：

（1）防污检查。检查重污秽区用户反污措施的落实，推广防污新技术，督促用户改善电气设备绝缘质量，防止污闪事故发生。

（2）防雷检查。在雷雨季节到来之前，检查用户设备的接地系统、避雷针、避雷器等设施的安全完好性。

（3）防汛检查。汛期到来之前，检查所辖区域用户防洪电气设备的检修、预试工作是否落实，电源是否可靠，防汛的组织及技术措施是否完善。

（4）冬季检查。冬季到来之前，检查用户电气设备、消防设施的防冻、防小动物短路等情况。

（5）特殊性检查。为完成政府组织的大型政治活动、大型集会、庆祝、大型娱乐活动、重要节日等保电工作，或上级安排特殊性工作，对特定范围内用户开展的专门巡视检查，检查内容及检查时间可根据特定环境自行确定。

第三节　检查工作流程

一、定期安全服务计划制订与启动

用电检查计划制订工作分为两大部分，即年度检查计划和月度检查计划，年度检查计划在上年末进行，月度检查计划在当月初进行。

（一）年度检查计划制订

供电企业每年 12 月 25 日前制订下一年度周期检查计划。需要将年度所有要开展用电检查的用户均匀分在 12 个月，具体操作流程为：登录营销系统，依次点击：业务菜单→用电检查→检查计划管理→周期检查计划管理→创建年检查计划→生成年计划。此计划的全流程推进由班（所）长负责，如图 2-1 所示。

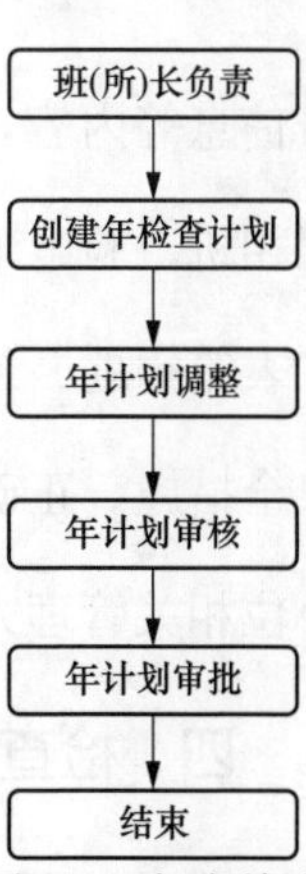

图 2-1　年度检查计划流程图

（二）月度检查计划制订

供电企业一般每月 5 日前制订当月周期检查计划，原则上检查时间由工作人员结合实际工作情况，确定计划检查日期。具体操作流程为：登录营销系统，依次点击：用电检查→检查计划管理→周期检查计划管理→创建月度检查计划→生成月计划，如图 2-2 所示。

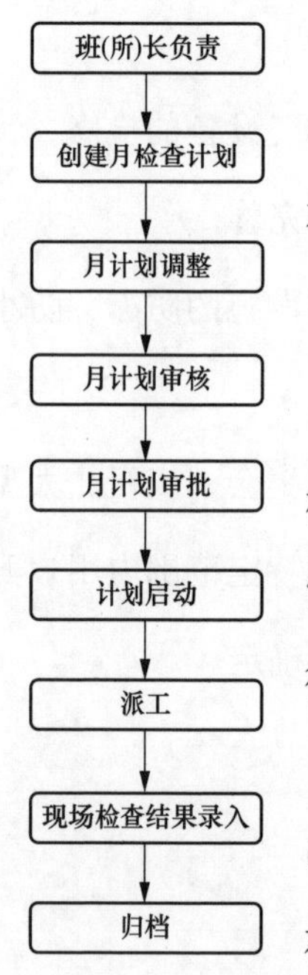

图 2-2 月检查计划流程图

此计划的全流程推进由班（所）长负责，派工阶段由班（所）长进行派工，现场工作人员检查之后将用电检查单带回存档，然后归档。

二、专项安全服务计划制订与启动

根据保电检查（包括大型政治活动）、季节性检查、事故检查、经营性检查、营业普查等检查任务以及针对用户用电异常情况，编制专项安全服务计划，确定专项安全服务时间，进行现场检查。

此计划的全流程推进由班（所）长负责，派工阶段由班（所）长进行派工，现场工作人员检查之后将用电检查单带回存档，然后归档，如图 2-3 所示。

三、检查前的准备

用电检查人员提前了解检查用户行业分类、执行电价、计量信息等内容，准备好现场使用的各类《用电检查工作单》，准备安全工器具、照相机、验电笔、工具箱、执法记录仪、安全防护用品、用电检查仪器仪表、各种表箱钥匙、绝缘体等，执行派工单制度，确保检查人员清楚工作内容和相应的安全措施。正确佩戴劳动防护用品，随身携带“用电检查证”或相关证件，经本单位相关管理人员批准后方能赴现场执行检查任务。

四、检查问题处理

（一）用电安全隐患处理

针对检查发现的用户侧用电安全隐患，应开具《用电安全隐患（限期）整改

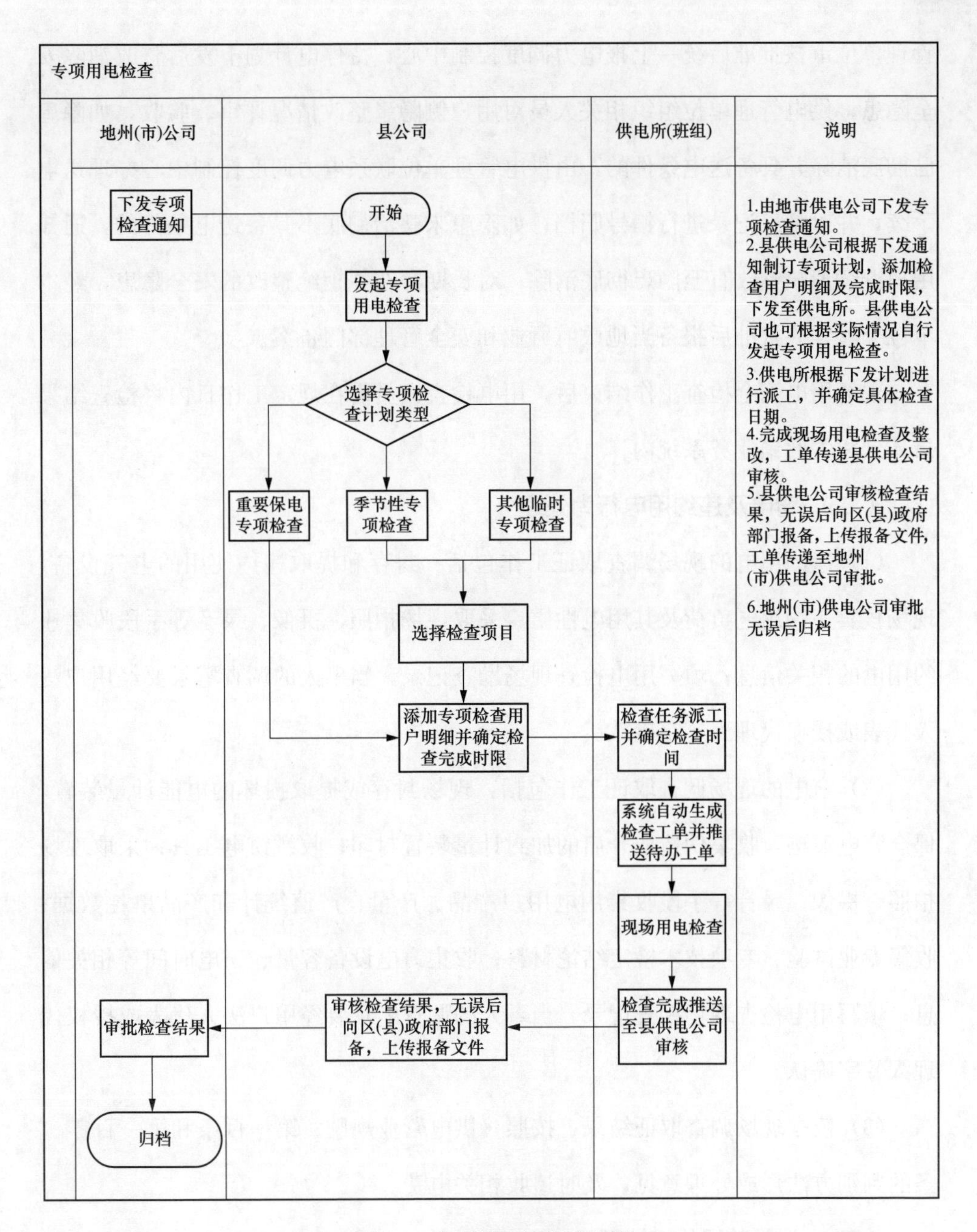

图 2-3 专项检查计划流程图

通知书》（一式两份，经用户签章认可后一份用户留存，一份带回供电管理单位存档备查），向用户说明隐患危害，提出专项整改建议和技术支持，督促用户限期整改，如需停电处理的安全隐患，由用户向供电管理单位提出书面申请，供电管理单位审核批准后统一上报电力调度控制中心，待停电计划下发后整改消除安全隐患，供电管理单位组织相关人员对用户侧隐患整改情况评审、验收，如隐患已彻底消除并具备送电条件的，由供电管理单位联系电力调度控制中心办理送电手续，并对隐患记录进行销号归档；如隐患未整治彻底不具备送电条件的，通知用户继续消缺整改直至隐患彻底消除；对长期存在并拒绝整改的安全隐患，经本单位分管领导批准后报备当地政府行业和安全管理部门备案。

现场用电安全检查工作结束后，用电检查人员需在规定工作日内将检查结果录入到相关营销业务系统内。

（二） 窃电及违约用电行为处理

（1）违约用电的现场调查取证工作包括：封存和提取违约使用的电气设备、现场核实违约用电负荷及其用电性质；采取现场拍照、摄像、录音等手段收集违约用电的相关信息；填写用电检查现场勘查记录，当事人的调查笔录要经用户法人代表或授权代理人签字确认。

（2）窃电的现场调查取证工作包括：现场封存或提取损坏的电能计量装置，保全窃电痕迹，收集伪造或开启的加封计量装置封印；收缴窃电工具；采取现场拍照、摄像、录音等手段收集用电用户产品、产量、产值统计和产品单耗数据；收集专业试验、专项技术检定结论材料；收集窃电设备容量、窃电时间等相关信息；填写用电检查现场勘查记录，当事人的调查笔录要经用户法人代表或授权代理人签字确认。

（3）依据现场调查取证结果，按照《供电营业规则》第一百条和第一百零一条的判别方法形成处理意见，及时追收相关电费。

（三） 计量装置故障处理

（1）检查过程中发现计量装置有问题，则需进一步核查具体故障点，若为电压互感器、电流互感器、采集终端故障，则直接交予计量专业处理即可。

（2）电能表异常处理。检查过程中发现用户电能表有异常提示代码时，则需分类处理。

电能表故障类异常提示代码范围：Err－02、Err－04～Err－07。此类问题需换表或进行远程终端校时，可直接转计量专业处理。

电能表故障类异常提示代码范围：Err－01、Err－03、Err－10～Err－28，此类问题多与写卡有关，需将此类问题转营业厅或电费专业处理。

（3）失压断流异常处理。电能计量装置发生差错，根据《供电营业规则》按照下列规定退补相应电量的电费：

1）计费计量装置接线错误的，以其实际记录的电量为基数，按正确与错误接线的差额率退补电量，退补时间从上次校验或换装投入之日起至接线错误更正之日止。

2）电压互感器熔丝熔断的，按规定计算方法计算值补收相应电量的电费；无法计算的，以用户正常月份用电量为基准，按正常月与故障月的差额补收相应电量的电费，补收时间按抄表记录或按失压自动记录仪记录确定。

3）计算电量的倍率或铭牌倍率与实际不符的，以实际倍率为基准，按正确与错误倍率的差值退补电量，退补时间以抄表记录为准确定。退补电量未正式确定前，用户应先按正常月用电量交付电费。

（4）电价异常处理。现场执行电价与系统执行电价不符（非违约用电原因），则需按现场实际使用电价与系统电价之差进行电量电费追退。

第三章

用户侧事故调查

用户用电事故调查工作是在后续用电中最有效的事故预防方法，事故的发生既有它的偶然性，又有它的必然性，如果潜在事件发生的条件（一般称之为事故隐患）存在，则什么时候发生事故是偶然的，但发生事故是必然的。因而，通过用户用电事故调查的方法，可发现事故发生的潜在因素，包括事故的直接原因和间接原因，找出其发生、发展的过程，防止类似事故发生。

一、用户用电事故调查原则

用户用电事故调查应实事求是、尊重科学，及时、准确地查清事故原因，查明事故性质和责任，总结事故教训，提出整改措施，做到“四不放过”，即事故原因未查清不放过，责任人员未处理不放过，整改措施未落实不放过，事故责任人员和应受教育人员没有受到教育不放过。通过事故的调查，举一反三，防止类似事故再次发生。

二、用户用电事故主要类型

用户侧用电事故主要类型的判断是开展后续调查的基础和方向，用户侧用电事故主要有以下类型：

（1）人身触电伤亡事故。是指用户电气设备或线路因绝缘损坏或其他原因造成的人身触电伤亡事故。

（2）导致电力系统跳闸。由于用户内部发生电气事故引起了其他用户停电或引起电力系统波动而造成大量减负荷的事故。

（3）专线跳闸或全厂停电。由于用户内部电气事故的原因，造成其专用线路跳闸和造成其全厂停电而使生产停顿的事故。

（4）电气火灾。用户生产场所因电气设备或线路故障引起火灾事故。

（5）重要或大型电气设备损坏。用户内部因使用或维护操作不当等原因造成主要设备（如主变压器、重要的高压电动机等设备）损坏的事故。

三、用户用电安全事故调查主要内容

开展用户用电安全事故调查时，应从事故周围的设备、运行环境、运行记录、发生过程、管理制度等多方面开展分析，逐项查找相关影响因素，确保问题分析准确全面，不遗漏，具体调查内容如下：

（1）设备事故发生前，设备和系统的运行情况；人身事故发生前，受害人和肇事者健康情况；过去的事故记录、工作内容、开始时间、许可时间、作业时的动作或位置，有关人员的违章违纪情况等。

（2）事故发生的时间、地点、气象情况、事故经过、扩大及处理情况。

（3）仪器、仪表、自动化装置、断路器、保护、故障滤波器及调整装置动作情况。

（4）设备资料，设备损坏情况和损坏原因。

（5）现场规章制度是否健全，规章制度本身及执行过程中暴露的问题。

（6）企业管理、安全责任制和技术培训等方面存在的问题。

（7）规划、设计、制造、施工安装、调试、运行、检修等质量和工艺方面存在的问题。

（8）人身事故场所周围的环境、安全防护设施和个人防护用品情况。

四、用户用电安全事故调查处理流程

根据《供电营业规则》规定，供电企业接到电力用户事故报告后，应派用电检查、调度、继电保护、运行、配电网等专业人员赴现场调查，在七天内协助用户提出事故调查报告。事故调查流程主要从调查和分析处理两个阶段开展，具体内容如下：

1. 用户用电安全事故调查阶段

(1) 认真收集原始资料。立即组织当值值班人员、现场作业人员和其他有关人员在下班离开事故现场前分别如实提供现场情况并写出事故的原始材料。认真听取当时值班人员或目睹者介绍事故经过，详细了解事故发生前设备和系统的运行状况；并按先后顺序仔细记录事故发生的情况，必要时对事故现场及损坏的设备进行照相、录像、绘图等。根据事故情况查阅有关运行、检修、试验、验收的记录文件和事故发生时的录音、故障录波图、计算机打印记录等，及时整理出说明事故情况的图表和分析事故所必需的各种资料和数据。

(2) 检查继电保护、自动装置的动作情况。记录各断路器整定电流、时间及熔断器残留部分的情况，判断保护是否正确动作，从熔断器的残留部分可估计出事故电流的大小，判断是过负荷还是短路所引起的事故。

(3) 检查事故设备损坏部位及损坏程度。初步判断事故起因并将与事故有关的设备进行必要的复试检查，如用户事故造成的越级跳闸，应复试总开关继电保护装置整定值是否正确、上下级能否配合及动作是否可靠；当发生雷击事故时，应复试检查避雷器的特性、接地连接是否可靠、应测量接地电阻等。通过必要的复试检查，排除疑点，进一步弄清事故真相。

(4) 查阅用户事故当时的有关记录和资料。如天气、温度、运行方式、负荷电流、运行电压、频率及其他有关记录；询问事故发生时现场人员的观察与感觉，如声、光、味、振动等；同时查阅事故设备及与其有关的保护设备，如继电保护、操作电源、操作机构、避雷器和接地装置等的有关历史资料，如设备历史试验记录、缺陷记录和检修调整记录等；查阅事故前后及当时的运行记录。

(5) 对于误操作事故，应检查事故现场与当事人的口述情况是否相符，并检查工作票、操作票及监护人的口令是否正确，从中找出误操作事故的原因。

2. 用户用电安全事故分析处理阶段

（1）参与用户事故调查分析会，会同调度、继电保护、运行等有关专业技术人员，及时、准确查清事故原因并判断性质，总结经验教训，提出有针对性的整改措施。

（2）事故调查处理应坚持“四不放过”的原则。即事故原因不清楚不放过，事故责任者和应受教育者没有受到教育不放过，没有采取防范措施不放过，事故责任者没有受到处罚不放过。

（3）协助用户撰写《用电事故调查报告》（见表 3-1）。事故调查报告主要内容包括：事故发生的时间、地点、单位；事故发生的经过、伤亡人数、直接经济损失估算；设备损坏情况；事故发生原因的判断；事故的性质和责任认定；事故防范和整改措施；事故的处理意见与建议。重大及以上电网和设备事故、重伤及以上人身事故以及上级部门指定的事故调查，应由事故调查组负责编写《事故调查报告》。

五、用户用电事故防范措施

结合用电事故性质与产生的原因，一般从以下几个方面加强预防措施：

（1）落实安全生产责任制。建立健全安全生产责任制，在制度中落实责任，也让员工养成良好的安全习惯。

（2）提高工作人员的业务技能与思想素质。事故的发生许多是由于工作人员技能不熟练、操作不严谨或思想松懈所造成的，须要对人员的业务技能进行培训提升，提高思想素质。

（3）强化运行维护和技术创新。针对非人为因素产生的用电事故，需要加强设备检查，及时掌握设备运行状态，定期开展设备维护，同时结合实际开展技术创新，提高设备安全运行水平。

表 3-1　　　　用户用电事故调查报告

<table>
<tr><td>用户编号</td><td colspan="2"></td><td colspan="2">用户名称</td><td></td></tr>
<tr><td>地址</td><td colspan="5"></td></tr>
<tr><td>电气负责人</td><td></td><td>职务</td><td></td><td>电话</td><td></td></tr>
<tr><td>事故发生时间</td><td colspan="2"></td><td>事故终止时间</td><td colspan="2"></td></tr>
<tr><td colspan="6">事故发生前后情况</td></tr>
<tr><td colspan="6">1. 天气：
2. 现场环境：
3. 电气设备运行状况：
4. 其他：</td></tr>
<tr><td colspan="6">事故详细经过：</td></tr>
<tr><td colspan="6">事故原因及责任分析：</td></tr>
<tr><td colspan="6">事故影响：</td></tr>
<tr><td colspan="6">事故处理及防范措施：</td></tr>
<tr><td colspan="3">用户签字（章）：
年　月　日</td><td colspan="3">调查人：
年　月　日</td></tr>
</table>

第四章

重要电力用户管理

重要电力用户在国家或者一个地区（城市）的社会、政治、环境、经济生活中占有重要地位，中断供电可能造成安全、社会稳定等各方面的影响，因此为提高其应对突发电力事件的能力，有效防止次生灾害发生，维护社会公共安全，应做好重要电力用户用电安全服务。高危及重要电力用户名单应以政府主管部门批复为准，供电企业应根据政府批复名单合理制订高危及重要电力用户检查周期，确保及时发现各类供用电隐患。对于可能导致电力中断的电力用户侧用电安全缺陷隐患，应及时函报政府主管部门，确保报备到位、防范风险。

第一节 重要电力用户的定义、分级和认定管理

为了加强重要电力用户供电安全管理，做好用电安全服务工作，提高重要电力用户应对电力突发事件的应急能力，有效防止次生灾害发生，依据国家、自治区及国家电网有限公司相关规定，结合重要电力用户实际情况，做好重要电力用户的分级和认定管理。

一、国家对重要电力用户的定义及分级

重要电力用户是指在国家或者一个地区（城市）的社会、政治、经济生活中占有重要地位，供电中断将可能造成人身伤亡、较大环境污染、较大政治影响、较大经济损失、社会公共秩序严重混乱的用电单位或对供电可靠性有特殊要求的用电场所。根据供电可靠性的要求以及供电中断的危害程度，

重要电力用户可分为特级、一级、二级重要电力用户和临时性重要电力用户。

（一）重要电力用户分级

（1）特级重要电力用户是指在管理国家事务中具有特别重要的作用、供电中断将可能危害国家安全的电力用户。

（2）一级重要电力用户是指供电中断将可能产生下列后果之一的电力用户：

1）直接引发人身伤亡的。

2）造成严重环境污染的。

3）发生中毒、爆炸或火灾的。

4）造成重大政治影响的。

5）造成重大经济损失的。

6）造成较大范围社会公共秩序严重混乱的。

（3）二级重要电力用户是指供电中断将可能产生下列后果之一的电力用户：

1）造成较大环境污染的。

2）造成较大政治影响的。

3）造成较大经济损失的。

4）造成一定范围社会公共秩序严重混乱的。

（4）临时性重要电力用户是指需要临时特殊供电保障的电力用户。

（二）重要电力用户分类

根据不同类型重要电力用户的断电后果，将重要电力用户分为工业类和社会类两类。工业类分为煤矿及非煤矿山、危险化学品、冶金、电子及特种制造业、军工5类；社会类分为党政司法机关和国际组织、广播电视、通信、信息安全、公共事业、交通运输、医疗卫生和人员密集场所8类，见表4-1。

表 4-1　　　　重要电力用户分类明细表

<table>
<tr><th colspan="3">重要电力用户分类</th><th>重要电力用户范围</th><th>断电影响</th></tr>
<tr><td rowspan="12">[A]工业类</td><td rowspan="2">[A1] 煤矿及非煤矿山</td><td>[A1.1] 煤矿</td><td>井工煤矿</td><td>可能引发人身伤亡</td></tr>
<tr><td>[A1.2] 非煤矿山</td><td>井工非煤矿山</td><td>可能引发人身伤亡</td></tr>
<tr><td rowspan="4">[A2] 危险化学品</td><td>[A2.1] 石化</td><td>以石油为原料的化工企业</td><td>可能引发人身伤亡、中毒、爆炸或火灾等重大安全事故，造成重大经济损失和严重环境污染</td></tr>
<tr><td>[A2.2] 盐化</td><td>以粗盐为原料的化工企业</td><td>可能引发人身伤亡、中毒、爆炸或火灾等重大安全事故，造成重大经济损失和严重环境污染</td></tr>
<tr><td>[A2.3] 煤化</td><td>以煤为原料的化工企业</td><td>可能引发人身伤亡、中毒、爆炸或火灾等重大安全事故，造成重大经济损失和严重环境污染</td></tr>
<tr><td>[A2.4] 精细化工</td><td>生产精细化学品的化工企业</td><td>可能引发人身伤亡、中毒、爆炸或火灾等重大安全事故，造成重大经济损失和严重环境污染</td></tr>
<tr><td colspan="2">[A3] 冶金</td><td>黑色金属和有色金属的冶炼和加工企业</td><td>可能引发人身伤亡、爆炸或火灾等重大安全事故，造成重大经济损失</td></tr>
<tr><td rowspan="2">[A4] 电子及特种制造业</td><td>[A4.1] 电子</td><td rowspan="2">汽车、造船、飞行器、发电机、锅炉、汽轮机、机车、机床加工等机械制造和电子企业</td><td rowspan="2">可能引发人身伤亡，造成重大经济损失</td></tr>
<tr><td>[A4.2] 特种制造业</td></tr>
<tr><td rowspan="2">[A5] 军工</td><td>[A5.1] 航天航空、国防试验基地</td><td rowspan="2">航天航空、国防试验基地、危险性军工生产</td><td rowspan="2">可能造成重大政治影响和重大社会影响，可能引发人身伤亡</td></tr>
<tr><td>[A5.2] 一切危险性军工生产</td></tr>
<tr><td rowspan="2">[B]社会类</td><td colspan="2">[B1] 党政司法机关、国防、国际组织、各类应急指挥中心</td><td>国家级首脑机关的办公地点，外国驻华使馆及外交机构，省级党政机关、地市级党政机关和一些重要的涉外组织；以及省级气象监测指挥和预报中心、电力调度中心、重要水利大坝、重要的防汛防洪闸门、排涝站、地震监测指挥预报中心、防汛防灾等应急指挥中心、消防（含森林防火）指挥中心、交通指挥中心、公安监控指挥中心等重要应急指挥中心、人民防空指挥中心</td><td>可能造成重大政治影响和重大社会影响</td></tr>
<tr><td colspan="2">[B2] 通信</td><td>国家级和省级的枢纽、容灾备份中心、省会级枢纽、长途通信楼、核心网局、互联网安全中心、省级 IDC 数据机房、网管计费中心、国际关口局、卫星地球站</td><td>可能造成大社会影响</td></tr>
</table>

续表

重要电力用户分类			重要电力用户范围	断电影响
[B] 社会类	[B3] 新闻媒体		国家级和省级广播电视机构及广播电台、电视台、无线发射台、监测台、卫星地球站等	可能造成大的政治影响和社会影响
	[B4] 金融及数据中心	[B4.1] 数据中心	全国性证券公司、省级证券交易中心	可能造成大的经济损失和社会影响
		[B4.2] 金融	国家级银行、省级银行一级数据中心、大型电子商务中心和重要场所等	可能造成大的经济损失和社会影响
	[B5] 公用事业	[B5.1] 供水、供热	供水面积大的大、中型水厂(用水泵进行取水)、重要的加压站以及大型供热厂等	可能造成社会公共秩序混乱
		[B5.2] 污水处理	国家一级污水处理厂、大中型污水处理厂	可能造成严重环境污染
		[B5.3] 供气	天然气城市门户站、燃气储配站、调压站(升压站、降压站)等	可能造成安全事故和环境污染
		[B5.4] 天然气运输	天然气输气干线、输气支线、矿场集气支线、矿场集气干线、配气管线、普通计量站等	可能造成安全事故和环境污染
		[B5.5] 石油运输	石油输送首站、末站、减压站和压力、热力不可逾越的中间(热)泵站、其他各类输油站等	可能造成安全事故和环境污染
	[B6] 交通运输	[B6.1] 民用运输机场	国际航空枢纽、地区性枢纽机场及一些普通小型机场	可能引发人身伤亡，造成重大安全事故，造成大的政治影响和社会影响
		[B6.2] 铁路、轨道交通、公路隧道、港口码头	铁路牵引站、国家级铁路干线枢纽站、次级枢纽站、铁路大型客运站、中型客运站、铁路普通客运站；城市轨道交通牵引站、城市轨道交通换乘站、城市轨道交通普通客运站	可能造成安全事故和大的社会影响
	[B7] 医疗卫生		三级医院	可能引发人身伤亡、造成社会影响和公共秩序混乱
	[B8] 人员密集场所	[B8.1] 五星级以上宾馆饭店	特殊定点涉外接待的宾馆、饭店及其他五星级及以上高等级宾馆	可能造成政治影响和社会公共秩序混乱
		[B8.2] 高层商业办公楼	高度超过100m的特别重要的商业办公楼、商务公寓、购物中心	可能引发人身伤亡和社会公共秩序混乱
		[B8.3] 大型超市、购物中心	营业面积在6000m^{2}以上的多层或地下大型超市及大型购物中心	可能引发人身伤亡和社会公共秩序混乱

续表

重要电力用户分类			重要电力用户范围	断电影响
[B]社会类	[B8]人员密集场所	[B8.3]体育馆场馆、大型展览中心及其他重要场馆	国家级承担重大国事活动的会堂、国家级大型体育中心；举办世界级、全国性或单项国际比赛；举办地区性和全国单项比赛；举办地方性、群众性运动会展会；承担国际或国家级大型展览的会展中心；承担地区级展览的会展中心	可能引发人身伤亡，可能造成重大政治影响和社会公共秩序混乱

注 1. 本范围未涵盖全部行业，其他行业可参考执行。
2. 不同地区重要电力用户范围可参照各地区发展情况确定。

二、重要电力用户认定管理

重要电力用户的分级不同，供电电源的配置原则也不同。因此为确保重要电力用户分级准确，应严格按照《重要电力用户供电电源及自备应急电源配置技术规范》（GB/T 29328—2018）中关于重要电力用户的相关定义，规范开展重要电力用户的定级工作，确保名单的准确性，避免出现重要性等级与实际不符的情况。

（一）高危及重要电力用户年度认定

高危及重要电力用户名单应以政府主管部门批复为准，供电公司要完善名单的台账管理，积极协助政府主管部门做好高危及重要电力用户名单审核认定工作。地市供电企业每年应统一组织开展至少一次梳理，经省电力公司确认后，于10月底前将名单函报当地政府主管部门。省电力公司于每年12月底前汇总高危及重要电力用户名单及政府批复文件，报送国网营销部。

（二）重要电力用户动态管理

供电公司要建立健全高危及重要电力用户名单动态管理制度，对于高危及重要电力用户的新增、销户或重要性等级变更信息，应在变更后10个工作日内向政府主管部门进行报告，同时抄报国网营销部。

（三）重要电力用户营销系统认定流程

重要电力用户新增或变更重要性等级获得政府主管部门批复后，应在营销系统更新相应的信息。操作步骤为：点击营销系统业务菜单栏中用电检查模块运行管理中的“高危及重要电力用户认定”，输入需要认定用户的户号，点击“确定”后会弹出如图 4-1 的对话框，选中电力用户重要性等级，并且对此选中做认定，变更或取消操作后，点击“确定”会生成相应的营销工单。

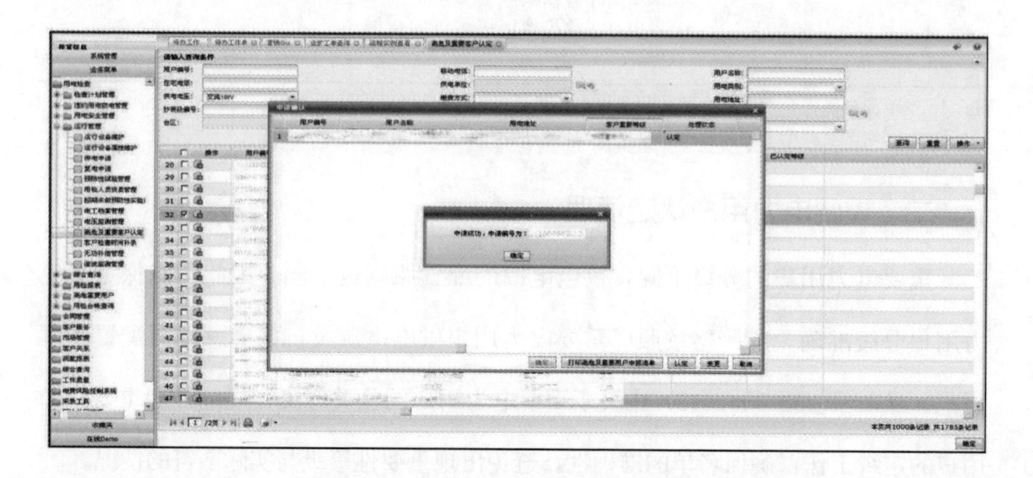

图 4-1　重要电力用户重要性等级申请

上一步操作完成后会在对应角色的人账号下生成待办，双击待办进入批复结果录入的操作界面。如图 4-2 所示，点击“保存”并推进下一步至审核页面，审核完

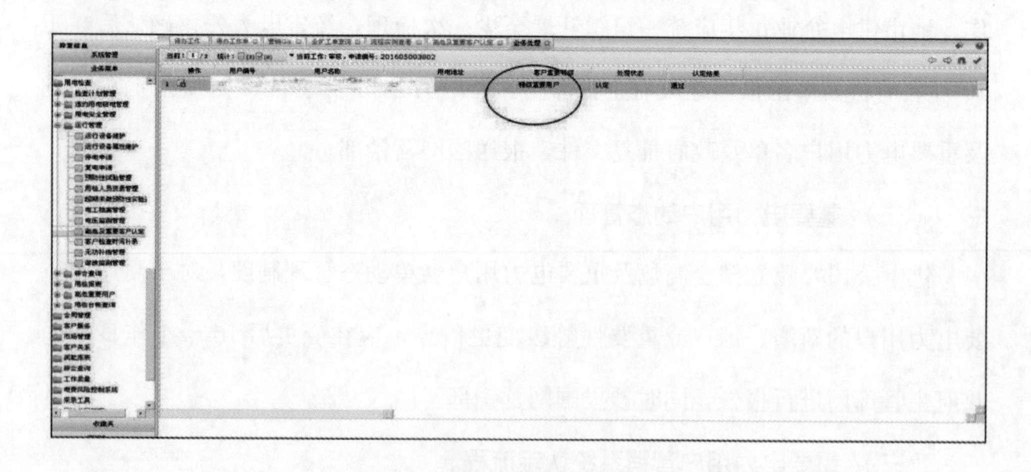

图 4-2　重要电力用户选择用户等级

成后对该流程归档，至此工单在营销系统中结束。营销系统认定流程完成后应在重要用户管理系统中发起电力用户档案维护流程进行相应的修改。

第二节 重要电力用户检查

为了保证重要电力用户电气设备运行安全，根据国家有关电力供应与使用的法规、方针、政策和电力行业标准，每季度对营业区内所有重要电力用户制订检查计划，并按计划开展检查工作，按检查计划对电力用户用电安全及电力使用情况进行检查服务、信息回传和安全管理。检查内容包括供电电源、自备应急电源、非电性质保安措施、闭锁装置、受电装置及运行设备状况、运行设备电气试验、电能计量及负荷管理装置、继电保护和自动装置、调度通信等安全运行情况、并网电源、自备电源并网安全状况、安全用电防护措施及反事故措施、安全技术档案及现场用电情况等，确保“服务、通知、报告、督导”四到位率100%。

一、检查计划制订

合理制订高危及重要电力用户检查周期，确保及时发现各类供用电隐患。每季度至少对高危及重要电力用户检查1次且每月检查的数量应不少于总户数的30%。控股和代管县域的高危及重要电力用户的用电检查工作应与直供直管电力用户执行同等标准。紧密结合工作实际，在重要节假日、重大活动、迎峰度夏、迎峰度冬等重要时期制订专项安全服务计划，确保重要时期的供用电安全。临时性高危及重要电力用户根据现场实际用电需要开展检查工作。

1. 季度计划制订

各单位每季度末在重要电力用户供用电安全管理系统中按要求制订好检查计划，每月计划检查数30%～40%。

高压供电服务员应在重要电力用户供用电安全管理系统业务菜单栏“用电检查”→“检查计划”→“周期检查计划”业务菜单栏点击左下角“增加”按钮，生成季度检查计划。季度检查计划制订流程图如图 4-3 所示。

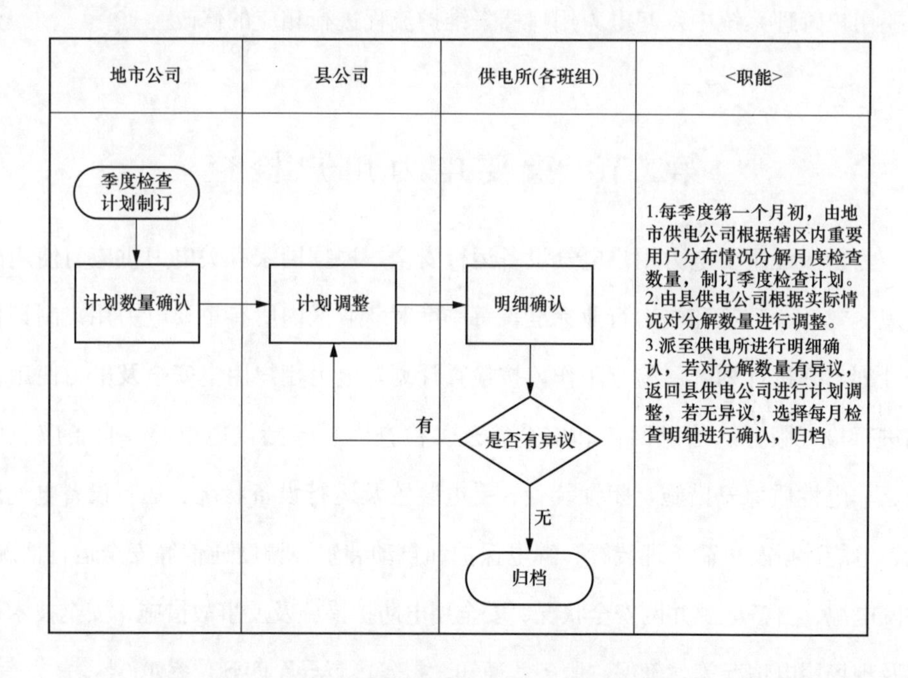

图 4-3 季度检查计划制订流程图

2. 月计划制订

高压供电服务班选中已制订好的季度检查计划，点击“计划明细”，根据实际情况制订相应月份检查用户明细。月度检查计划制订流程图如图 4-4 所示。

二、检查前准备

为有效做好重要电力现场检查工作，检查前应做好被检查用户资料和准备好所需工具。

（一） 资料和工具准备

检查前应提前熟知被检查用户营销业务系统档案数据，准备好《重要电力用户用电检查工作单》（见附录 A）并报领导批准，《用电安全隐患整改告知书》（见附录 B）《限期整改督办告知书》（见附录 C）等工单以及相关检查工器具，提前与电力用户联系，约定检查时间和检查内容。

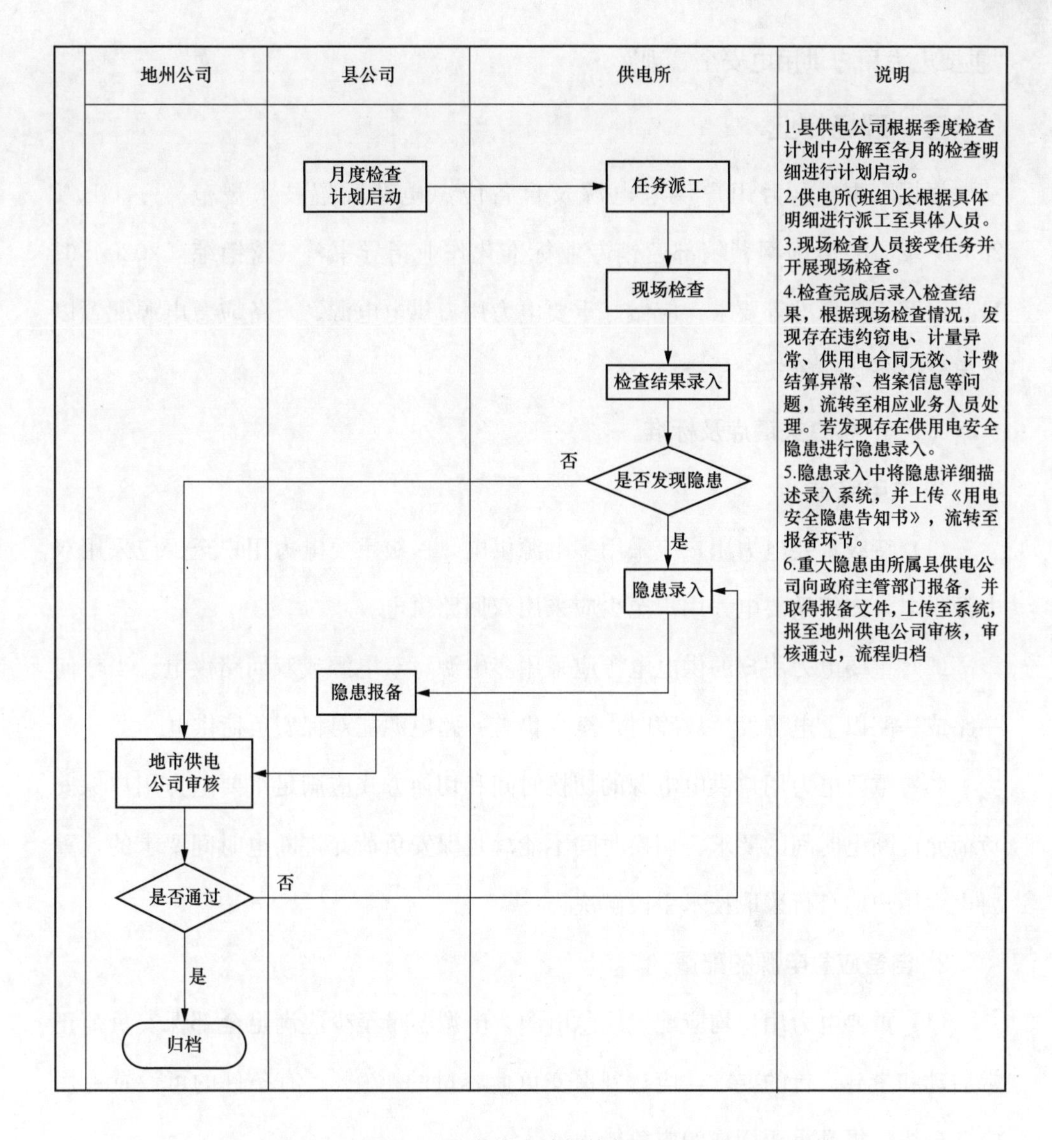

图 4-4　月度检查计划执行流程图

（二）检查计划下发

每月应及时启动月度计划检查工作。高压供电服务班登陆重要电力用户系统，在“用电检查”→“移动作业”→“用电检查数据包下载”→“季度计划”→“季度明细”→“月计划”，下载月计划，再通过移动作业终端中的 App“重要电力用户供用电安全管理”→“数据交互”→“数据导入”，将检查计划导入

"重要电力用户供用电安全管理"。

三、现场作业

根据《重要电力用户供电电源及自备应急电源配置技术规范》（GB/T 29328—2018）《国网营销部营销专业标准化作业指导书》（营销综〔2020〕67号）以及行业标准等要求，应做好重要电力用户供电电源、自备应急电源配置以及电气设备运行等安全检查。

（一）检查关键点及标准

1. 供电电源

（1）特级重要电力用户应采用多电源供电，一级重要电力用户至少应采用双电源供电，二级重要电力用户至少应采用双回路供电。

（2）重要电力用户的供电电源应采用多电源、双电源或双回路供电。当任何一路或一路以上电源发生故障时，至少仍有一路电源能对保安负荷供电。

（3）重要电力用户供电电源的切换时间和切换方式应满足重要电力用户保安负荷允许断电时间的要求。切换时间不能满足保安负荷允许断电时间要求的，重要电力用户应自行采取技术手段解决。

2. 自备应急电源的配置

（1）重要电力用户均应配置应急电源，电源容量至少应满足全部保安负荷正常启动和带载运行的要求，应达到保安负荷容量的120%。有条件的可设置专用应急母线，提升重要用户的应急能力。

（2）自备应急电源的配置应依据保安负荷的允许断电时间、容量、停电影响等负荷特性，按照各类应急电源在启动时间、切换方式、容量大小、持续供电时间、电能质量、节能环保、适用场所等方面的技术性能，选取合理的自备应急电源。

（3）允许断电时间的技术要求。

1）保安负荷允许断电时间为毫秒级的，用户应选用满足相应技术条件的静态储能不间断电源或动态储能不间断电源且采用在线运行的运行方式。

2）保安负荷允许断电时间为秒级的，用户应选用满足相应技术条件的静态储能电源、快速自动启动发电机组等电源且自备应急电源应具有自动切换功能。

3）保安负荷允许断电时间为分钟级的，用户应选用满足相应技术条件的发电机组等电源，可采用手动方式起动自备发电机。

（4）自备应急电源需求容量的技术要求。

1）自备应急电源需求容量达到百兆瓦级的，用户可选用满足相应技术条件的独立于电网的自备电厂作为自备应急电源。

2）自备应急电源需求容量达到兆瓦级的，用户应选用满足相应技术条件的大容量发电机组、动态储能装置、大容量静态储能装置（如 EPS）等自备应急电源。

3）自备应急电源需求容量达到百千瓦级的，用户可选用满足相应技术条件的中等容量静态储能不间断电源（如 UPS）或小型发电机组等自备应急电源。

4）自备应急电源需求容量达到千瓦级的，用户可选用满足相应技术条件的小容量静态储能电源（如小型移动式 UPS、蓄电池、干电池）等自备应急电源。

（5）持续供电时间和供电质量的技术要求。

1）对于持续供电时间要求在标准条件下 12h（小时）以内，对供电质量要求不高的保安负荷，可选用满足相应技术条件的一般发电机组作为自备应急电源。

2）对于持续供电时间要求在标准条件下 12h 以内，对供电质量要求较高的保安负荷，可选用满足相应技术条件的供电质量高的发电机组、动态储能不间断供电装置、静态储能装置与发电机组的组合作为自备应急电源。

3）对于持续供电时间要求在标准条件下 2h 以内，对供电质量要求较高的保安负荷，可选用满足相应技术条件的大容量静态储能装置作为自备应急电源。

4）对于持续供电时间要求在标准条件下 30min（分钟）以内，对供电质量要求较高的保安负荷，可选用满足相应技术条件的小容量静态储能装置作为自备应急电源。

5）对于环保和防火等有特殊要求的用电场所应选用满足相应要求的自备应急电源。

3. 自备应急电源的维护

（1）自备应急电源应定期进行安全检查、预防性试验、启动试验和切换试验，保证其在电网电源中断后能正常投运。

（2）自备应急电源的运维人员应经过操作保养培训和上岗培训。

（3）自备应急电源应根据产品说明书的要求定期进行日常巡检及保养。

（4）放置自备应急电源的环境应满足设备的运行要求。

（5）自备应急柴油发电机组宜每月空载运行一次，至少每季应带载（不小于50％的机组额定功率）运行一次，运行时间至少达到机组温升要求。

（6）自备应急 UPS、EPS 的蓄电池组应根据产品说明书要求的控制策略进行充放电。

4. 非电性质安全措施

非电性质安全措施是否满足供电安全需要。非电性质措施是指在完全断电情况下，能保证工作人员安全和设备不受损失的措施，如煤矿的人行安全通道、排水、通风等。

5. 受电装置及电气设备运行状况

（1）GIS 设备检查。

1）GIS 设备附近无异常声音、无异味、无漏气（SF_6 气体、压缩空气）、无漏油（液压油、电缆油）现象。

2）检查 SF_6 气体无泄漏，所有阀门开、闭位置应正常，避雷器的指示值正确。

3）检查断路器、隔离开关、接地开关的位置指示正确，并与当时运行实际情况相符。

4）检查断路器、隔离开关、接地开关的闭锁位置应正确，带电显示器指示正确。

5）检查现场控制盘上各种信号灯指示正确、控制开关的位置应正确。

6）检查断路器室、隔离开关室、母线气室、电压互感器室的压力表针是否在正常范围内。

7）检查各接头紧固不发热，示温蜡片不熔化，变色漆不变色。

8）检查瓷质部分无裂纹、无破碎、无放电现象和放电痕迹。

9）检查接地体或支架是否有锈蚀或损伤现象，所有金属支架和保护罩有无油漆脱落现象。接地端子有无发热现象，金属外壳的温度是否超出规定值。

10）检查可见绝缘元件有无老化裂纹现象；检查各类箱门开启灵活、关闭严密，二次端子无发热现象，熔丝、熔断器的指示应正常；检查弹簧操作机构指示器在弹簧已储能位置；检查控制内加热器的交流电源开关应按照规定投入或切除；检查压力释放装置防护罩无异常，其释放出口无障碍物；检查GIS设备外观应清洁、整齐、标志完善、无油漆剥落现象。

（2）变压器。

1）油浸式变压器。检查变压器本体接地是否有两根接地引下线与主接地网连接且连接在主接地网的不同地点，接地引下线应焊接牢固，接地扁钢截面应符合设计要求，接地标示涂刷油漆清晰规范。铁芯外引接地套管完好无损；检查变压器铭牌参数齐全、字迹清晰；变压器本体及其附件无渗油，油系统的阀门全在“开”位；变压器储油柜油标线清晰可见；变压器排油设施完好，消防设施齐全，油温一般不超过85～95℃。变压器冷却装置及所有附件均完整齐全，温度计检验合格，报警触头动作正常。测温插管内清洁无杂物且注满变压器油，测温元件插入后塞座拧紧，密封无渗漏油现象。变压器顶盖上无遗留杂物。变压器本体油漆涂刷完整，套管相色标志正确；变压器高压套管的接地小套管应接地良好，套管顶部的将军帽应密封良好且与外部引线连接良好；变压器各项试验报告符合运规相关规定；检查变压器气体继电器外部清洁，无油垢，保持水平位置，连管朝储油柜方向有1%～1.5%的升高坡度，气体继电器的防雨罩安装牢固；检查变压器净油器内部无油垢，无锈蚀物；净油器硅胶颜色为蓝色不透明；吸湿器与油枕连接处密封无渗漏油，吸湿器呼吸气道畅通无阻塞；强油循环水冷式变压器，应装设指示给水中断、油循环停止和油温过高的信号装置。

2）干式变压器。干式变压器在投运时应投入保护和测温装置；干式变压器绕组温度达到温控器超温值时，应发出"超温"报警信号，绕组温度超过极限值时，应自动起动风机；变压器冷却系统及风机的紧固情况应良好，风道应畅通；变压器室应通风良好，环境温度应满足技术条件。

（3）断路器。

1）六氟化硫断路器。断路器相间支持瓷套法兰面应在同一水平面上，安放位置正确且紧固均匀；检查断路器各瓷件表面光滑，瓷件无裂纹和缺损，铸件无砂眼。断路器各瓷件应涂长效硅油；检查六氟化硫断路器密封良好，六氟化硫气体压力符合产品规定，密度继电器应安装牢固，密封良好，报警闭锁值应符合设备说明书规定，年漏气率不应大于1%；断路器操动机构固定牢固，外表清洁完整。分合闸指示正确，分合闸标志清晰，观察窗清洁；检查断路器液压操作机构箱体密封良好，箱体内无锈蚀。二次排线整齐有序，标志齐全；断路器分闸、合闸时间，分闸、合闸速度，操动机构储能时间，合闸线圈电阻值，分闸线圈直流电阻值，三相主回路电阻值均符合断路器产品说明书规定；断路器技术档案齐全，与现场实际相符；断路器绝缘良好，六氟化硫气体符合规定要求；基础无变形、下沉或露筋、剥落。场地整洁、接地良好。

2）真空断路器。应检查断路器资质部分无裂纹、破碎、放电现象和放电痕迹，内部无异响。引线的连接部位接触良好，无过热，示温蜡片不熔化，变色漆不变色。断路器分合位置指示正确，符合现场实际运行情况，真空灭弧室无异常。断路器永久性接地应紧固无松动、无断裂、无锈蚀。室内断路器周围的照明和固定栏应良好。二次回路的导线和端子排应完好。

3）油断路器。油断路器本体套管的油位应在正常范围内，油色透明无碳黑悬浮物。油断路器无渗油、漏油痕迹，放油阀关闭紧密。套管、绝缘子无裂纹，无放电声和电晕。断路器分、合位置指示正确，并与当时实际运行情况相符。各接头应紧固不发热，示温蜡片不熔化，变色漆不变色，引线的连接部位接触良好，无过热。排气装置应牢固完好，排气管及隔栅应完整，断路器永久性接地应紧固无松动、无裂纹、无锈蚀。吸潮剂不潮解，防雨帽无鸟窝。室内断路器周围的照明和固定围栏应良好。二次回路的导线和端子排应完好。

（4）隔离开关。

1）隔离开关绝缘子表面清洁，无破损，无裂纹。

2）隔离开关整体无锈蚀，均压环安装牢固，无变形，无裂痕缺陷。隔离开关相色正确、清晰、醒目，相色标志在同一水平位置上。

3）隔离开关基座接地可靠，接地线与主网连接牢固。接地扁钢符合设计要求，接地标示涂刷油漆清晰规范。

4）隔离开关各部位紧固螺栓有备帽，螺杆露出螺帽2～3丝。

5）隔离开关操动机构安装牢固，分合闸指示与实际分合位置相符。

6）隔离开关各项电气试验记录齐全。

7）检查隔离开关的基础应良好，无损伤、下沉和倾斜。

（5）电力电容器。

1）电力电容器箱体无渗油、无锈蚀、无凹凸等现象，检查电力电容器油位指示正确。

2）电力电容器组的瓷质部分无损伤，无放电痕迹。

3）电力电容器框架安装牢固，电力电容器油漆涂刷均匀，相位正确、清晰。

4）电力电容器外壳及框架与接地引线连接牢固，接地线截面符合设计要求，接地标志涂刷油漆规范。

5）电力电容器顺序编号醒目清晰。

6）检查电容器室门窗应完整，关闭应密，电容器室内通风应良好。

（6）互感器。

1）油浸式互感器安装牢固，金属部件无脱漆、无锈蚀。铭牌参数齐全，字迹清楚，相色醒目清晰。

2）检查油浸式互感器瓷套与法兰连接螺钉紧固，瓷套外表清洁、无裂纹、无破损、无放电痕迹。

3）检查油浸式互感器油位指示正确，密封良好无渗漏油现象。

4）电压互感器一、二次侧均有熔断器保护（二次侧可用自动开关）。

5）二次引线接触良好，无过热现象，接地可靠。

6）防爆阀、膨胀器无渗漏油或异常变形。

7）干式互感器表面应无裂纹和明显的老化、受潮现象。

（7）过电压保护及接地装置。

1）防雷接线及过电压扣护各项装置的装设符合有关规程的规定。

2）防雷设备预防性试验项目齐全，试验合格，不超周期，接地装置接地电阻测试合格。

3）避雷针结构完整，无倾斜，有足够的机械强度，引线及接地良好。

4）避雷器放电计数器良好，动作指数正确。

5）避雷器外观清洁，油漆完好，铁件无锈蚀，设备名称、标志正确清楚。

6）避雷器瓷件套管完整无损伤，绝缘良好，无放电和裂纹、电晕及闪络痕迹，法兰无进水。

（8）绝缘子。

1）变电站瓷绝缘子无严重放电或流胶，无纵向裂纹，绝缘子串销子无脱落。

2）合成绝缘子无严重脱胶和严重放电现象发生。

（9）电力电缆。

1）电缆相互接近时的最小净距。10kV 以下电缆之间为 0.1m，10～25kV 之间不应小于0.25m。

2）电缆与地下管道间接近和交叉的最小允许距离。电缆与各类管道接近和交叉时的净距为0.5m，电缆相互交叉的净距为0.5m。

3）铠装电缆或铅包、铝包电缆的金属外皮在两端应可靠接地，接地电阻不大于10Ω，敷设电缆的地面应装设电缆走向标志。

（10）开关柜。

1）开关柜屏上指示灯、带电显示器指示正常，操作方式选择开关、机械操作把手投切位置应正确，驱潮加热器工作正常。

2）屏面表计、继电器工作正常，无异响、异味及过热现象。

3）柜内设备正常。绝缘子完好，无破损。

4）柜体、母线槽应无过热、变形、下沉，各封闭螺钉齐全，无松动、锈蚀，接地应牢固。

6. 设备电气试验情况

用户变电站各类电气设备及线路的检修试验、交接试验、预防性试验报告应齐全，各项试验应按运行规程和试验规程要求开展，试验单位的资质等级应符合要求。

7. 电能计量装置、负荷管理装置、继电保护和自动装置、调度通信等安全运行情况

（1）检查前应持调度核发的用户变电站各级保护定值清单，与现场电力用户留存的保护定值清单进行核对是否一致；重点查与电网连接的进线保护和安全装置的整定、校验，与系统保护、电力用户内部保护之间是否配合。

（2）对电能计量装置设在电力用户侧的，应在每次检查时核对一次；对于电能计量装置安装在电网侧变电站的，应每年核查一次。

8. 安全用电防护措施及反事故措施

（1）电力用户具有正式的停电事故应急预案，应急预案应包含以下几个方面：

1）符合有关法律、法规、规章和标准的规定。

2）符合重要电力用户的安全生产实际情况。

3）具有重要电力用户的危险性分析情况。

4）明确应急组织和人员的职责分工，并有具体的落实措施。

5）有明确、具体的应急程序和处置措施，并与其应急能力相适应。

6）明确应急保障措施，满足重要电力用户的应急工作需要。

（2）按照既定的预案定期开展演练，演练记录完好。

9. 用户供电线路

（1）用户应建立供电线路台账，各项资料齐全准确。

（2）用户应对线路进行定期维护（巡视、消缺）管理，各项维护记录齐全准确；如用户自身不具备维护条件的，可委托具有相应资质的单位进行维护，其维护协议和资质证明文件应报当地供电公司。

10. 运行管理

（1）安全工器具。

1）是否按要求配置安全工器具。

2）安全工器具是否定期试验，是否在试验周期内。绝缘手套、绝缘靴试验周期为6个月；绝缘罩、绝缘杆、电容型验电器、绝缘胶垫、绝缘隔板试验周期为1年；携带型短路接地线试验周期为5年；安全帽塑料帽试验周期为2.5年，钢盔帽试验周期为3.5年；安全工器具存放地点是否符合要求，空气湿度和温度是否满足标准。

（2）运行制度管理。是否备有运行管理制度、变电站运行规程、倒闸操作制度、工作票制度、定期巡视检查制度、电气设备定期检修试验制度、缺陷管理制度、设备评级制度、交接班制度等相应运行管理制度；调度协议执行情况；合同执行；安全协议等。

（3）运行记录。

是否备有运行值班记录、变电站运行规程、倒闸操作票、工作票、停送电记录、电气设备定期检修试验记录、缺陷管理记录、设备巡视检查制度、设备评级记录、交接班记录等资料。

(4) 消防设施。

1) 是否按要求配备各项消防设施。

2) 消防器材是否有定期检查记录。

3) 灭火器及灭火装置是否合格有效。

(5) 防小动物措施。

1) 变配室大门应设置挡鼠板，高度应符合要求。

2) 室内应设毒饵盒，定期对盒内饵料进行更换，保证药物的有效性。

3) 变压器室及各压配电室的门应上锁，并挂有“止步，高压危险”警示牌。

(6) 电工人员配置和资质。

1) 用户变配电室的运行值班人员和操作人员应持有政府主管部门核发的特种作业操作证（电工）。

2) 特殊工种应持有政府主管部门核发的特种作业证（如电气试验、电力电缆、电焊作业等）。

（二） 轨迹路线记录

应用移动作业终端 App，点击“现场检查”，选中被检查用户，长按进入“出发前准备”项，确认佩戴证件、检查工器具、着装以及相关表单的准备情况，根据列表逐一打钩，完成现场检查准备工作。点击下一步，进入轨迹线路记录，点击开始，乘车出发至用户处，到达后点击停止，对行车轨迹路线图截图保存。行车路线记录可为制订救援路线图提供依据和参考。

（三） 现场检查

到达后联系电力用户，主动出示工作证和用电检查证并遵守电力用户的相关管理规定。在电力用户工作人员的陪同下，按照本节（一）中检查关键点对电力用户现场的供电电源、自备应急电源配备以及使用情况、电气设备试验和安全运行状况、电工资质、运行管理制度、用电行为合法合规情况等内容开展检查，务必检查到位，不漏隐患，分清重大隐患和一般隐患，并将相关信息录入移动作业终端。用电检查人员不得擅自操作电力用户设备。

在检查过程中对各检查项目和检查环节进行拍照，使各项检查有据可依，保证工作记录、检查过程及结果的真实性、准确性和有效性。

发现系统信息与电力用户真实信息不一致时，调用系统档案修改功能对差异信息进行修改，如图 4-5 所示。

客户基本信息

*客户编号:		*客户名称:				*客户级别:	二级
*客户分类:	重要**	*行业:		*用户状态:	正常用电客户	*转供电情况:	无转供
*用电分类:	2、非工业	*计量方式:	高供高计	*供电电压:	交流10kV	行业类别:	其他国家机构
*电源数目:	双回路	*供电方式:	双电源，一主供（专线）一备用（公用线）			*负荷性质:	二类
闭锁装置类型:	电子	闭锁装置情况:	正常	报装日期:	2009-05-01	报装容量:	630 kVA
合同编号:	0175550052	联系电话:		法定代表人:	赵宝成	运行容量:	630 kVA
煤矿类型:		瓦斯:		用电地址:	尼勒克县乌赞乡四大队		
*供电企业性质:	直供直管	经度坐标:		纬度坐标:		应急预案:	是
停送电联系人:	赵宝成	电工值班电话:	0999-8836298	电工移动电话:	15609993030	邮政编码:	835700
运维单位:	尼勒克县供电公司	运维责任人:	曹英宝	运维电话:	7725522	是否调度调管:	是
备注:							

图 4-5 电力用户差异信息修改

在现场检查过程中，发现电力用户存在用电安全隐患时，应点击新增隐患，将具体隐患内容和整改要求录入移动作业终端，如果 4-6 所示。

检查完毕后形成用电检查工作单（见图 4-7），双方现场进行电子签字确认，确认后点击下一步完成整个现场检查工作。

用户用电安全隐患整改通知书

编号：

客户名称	尼勒克供热供排水公司	用电地址	尼勒克县乌赞乡江阿买里村	行业性质	2.水利、环境和公共设施管理业

经我单位用电检查人员现场检查，查处你方在电力使用上存在以下安全隐患，请按要求在规定期限内整改完毕，并将处理结果书面报我公司用电检查部门，否则我方将按照______规定，进行______处理，由此造成的一切后果由你方承担。

存在问题	整改要求	备注
dddd		

客户签收：		供电单位盖章：	
用电检查人员：		检查日期：	

图 4-6　电力用户安全隐患录入

用电检查工作单

客户编号	1399295946453146003	客户名称	尼勒克供热供排水公司
用户地址	尼勒克县乌赞乡江×××		
电气负责人	杨××	联系电话	0999-×××
安全检查项目，执行情况（不正常的填写内容）			
	是否合格	现场情况	
是否有消缺管理记录	没有	dddd	
电工人数配置是否满足要求，是否有进网作业证，是否过期	不齐全	hhhhh	
是否有运行日志	有	√	
是否有设备台帐	没有	bbbbb	
证件资料是否齐全，有效	齐全	√	
是否有供用电合同	有	√	
是否有调度协议	有	√	
是否有安全运行管理制度（并上墙）	有	√	

图 4-7　用电检查单电子签字

四、检查问题处理

（一）隐患告知

用户侧新增隐患应开具《用电安全隐患整改告知书》，历史隐患应开具《限期整改督办告知书》，均一式两份，一份交由电力用户，一份由电力用户签收盖章后带回存档。对于电力用户拒绝签收的，应通过函件、挂号信等具有法律效力等形式正式送达电力用户，确保通知到位，不存遗漏。

（二）隐患处理

1. 用电检查结果数据上传

现场检查完后应，当天将登录移动作业终端 App“重要电力用户供电安全管理”，从“数据交互”功能中导出检查结果，并上传至电脑端重要电力用户管理系统。

2. 隐患处理

检查结果上传完后，应对隐患流程进行处理，依次点击“安全隐患→隐患管理”，双击要处理的隐患，高压供电服务班班长、营销部主任、用电检查管理专责对相应的隐患类别、隐患程度进行审核，审核通过后在附件管理上传《用电安全隐患整改告知书》、报备政府的文件、《限期整改督办告知书》和现场整改佐证图等。

3. 安全隐患报备

规范隐患报备管理，按照分级报备的原则，地区（州、市）供电公司向地区（州、市）电力主管部门报备，县级供电公司向区（县）级政府相关部门报备，重点报备供电电源和自备应急电源配置不到位等可能导致电力中断的重大安全隐患。报备文件应为正式公文，每季度至少报备 1 次。对于严重威胁电网及电力用户侧用电安全的重特大安全隐患，要以专题报告方式随时报备。经政府相关部门签收或批示的报备文件或专题报告，5 个工作日内上传重要用户管理系统。

4. 安全隐患督办

建立完善高危及重要电力用户缺陷隐患台账管理制度，主动为电力用户提供技术支持，持续督促电力用户落实隐患整改，并应借助政府力量，对隐患整改不力的电力用户开具《限期整改督办告知书》，推进电力用户缺陷隐患整改工作，确保督导到位、促进整改。

（1）申请安全隐患督办。选中督办电力用户，点击重大隐患个数下的红色数字弹出隐患信息窗口如图 4-8 所示，将所要督办的信息前的括号打上对钩并点击督办，系统将自动生成督办信息。督办时间为隐患督办单的督办时间、有效日期为督办单的有效期（附件必须为图片或 PDF 格式）。

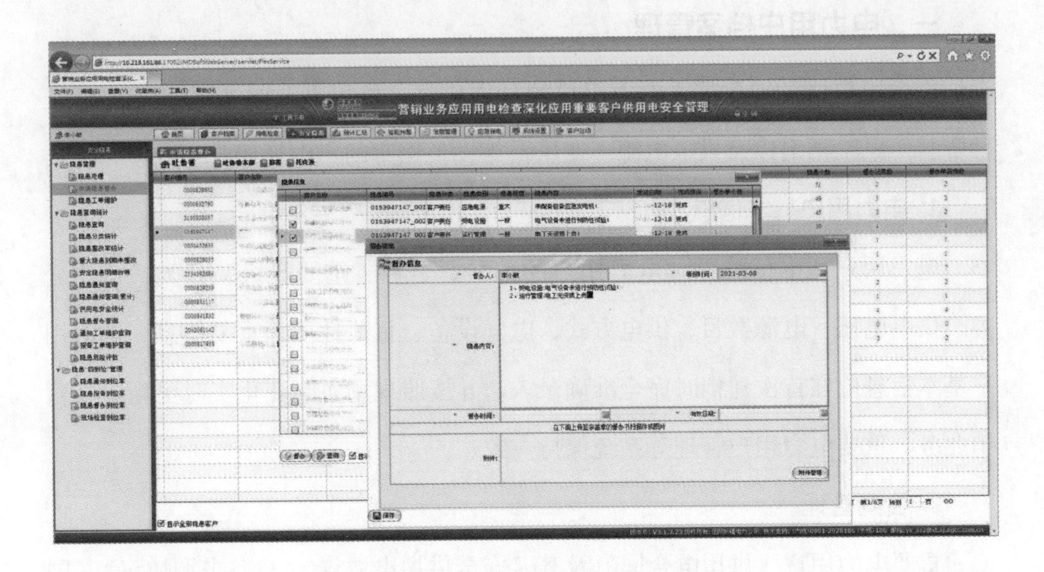

图 4-8 申请安全隐患督办系统截屏

（2）生成督办单。选中督办的电力用户，点击督办单个数下的红色数字，弹出督办管理窗口可以看到督办人、督办时间、有效日期、隐患内容，双击查看详细信息，点击下侧的生成督办单。

（3）上传督办单。选中督办电力用户，点击督办单个数下的红色数字，弹出督办管理窗口，双击查看详细信息，点击附件管理上传附件，将签字并盖章的督办单上传。

第三节 其他重要事项

重要电力用户基础档案管理是对重要电力用户的全生命周期管理，包含重要电力用户各类档案信息、自备应急电源、应急保电预案信息的完整建立及动态更新的过程管理。电力用户的基础档案作为现场用电安全检查的依据，也是作为监测重要电力用户运行的基础，保证电力用户电气设备运行安全，实时掌握电力用户现场用电信息应实现即时更新、动态管理重要电力用户基础档案。

一、电力用户档案管理

电力用户档案包含重要电力用户的基本信息、供用电合同、调度协议 、证件资料、电工档案以及供电电源、变压器等设备档案的集中管理。

1. 电力用户基本信息

电力用户基本信息包含电力用户的编号、名称、重要等级、分类、行业分类、供电电压、电源数目、供电方式、电气设备、负荷性质等重要信息。电力用户基本信息应在首次建档时完全准确录入，并按照现场实际变化实时更新，与营销业务、重要电力用户管理等系统保持一致。

2. 合同管理

重要电力用户《供用电合同》及其《安全供用电协议》《自备电源协议》《国网新疆电力公司重要电力用户供用电安全管理细则（试行）》［新疆（营销）A126-2014)，第二十六条中有描述］等合同补充件范本应严格遵守国家电网有限公司合同管理相关要求。供电公司梳理重要电力用户供用电合同及协议签订情况，动态管理供用电合同台账，及时开展超期或不规范合同续签工作。电铁牵引站类供用电合同应在特别约定中注明“在本牵引站因故停电状况下，用电方应从邻近牵引站利用其自有输配电系统跨区供电，满足电气化铁路运行要求”。

对于新入网的高危及重要电力用户，供电企业应严格按照格式文本签订供用电合同，明晰供用电双方权利义务，确保合同签订、审核、归档全覆盖，有效规避管理上的法律风险。

对存量高危及重要电力用户供用电合同，供电企业应及时做好合同完善，确保合同规范有效，有效规避因供用电合同管理不到位可能引发的法律风险。对于缺少合同、合同不是现行标准格式、合同主体变动或合同实质性条款发生变化的，立即组织开展合同签订工作；对于合同条款内容不合理存在法律风险的，以合同补充条款的形式组织开展合同补签工作；对定级不准确的，及时向政府报告变更高危及重要电力用户名单，重新修订供用电合同。

二、应急管理

自然灾害、外力破坏、电网故障等情况下，在事前预防、事发应对、事中处置和善后恢复过程中，应用科学、技术、规划与管理手段，通过建立机制，制订供电侧应急预案和用户侧应急预案，开展联合应急演练，确保在重要电力用户突发停电期间提供有效的应对措施，保障重要电力用户供电安全。

（1）供电侧应急预案。各地区（州、市）供电公司营销部门要加强与运检、调度等部门横向协同，按照“一户一案”的原则，从电网运行方式、应急电源、应急抢修队伍、抢修工具及车辆配置等方面，制订重要电力用户及重要保电场所电网侧应急预案。

具备条件的地区，供电企业应在地方政府和能源管理部门的指导下，推动指导重要电力用户建设（改造）应急移动电源接入装置，确保在应急情况下，公共应急移动电源电力可靠接入。

（2）用户侧应急预案。电力用户侧应急预案应由电力用户制订和提供，供电企业应指导电力用户完善内部应急保障措施，协助其开展用户侧安全风险识别，并督促电力用户制订反事故预案和非电保安措施，提升应急处置能力。营销部门应将电力用户侧应急预案及时上传至重要用户管理系统，现场运行方式发生变化时及时修订。

（3）应急电源管理。重要电力用户应按照《重要电力用户供电电源及自备应急电源配置技术规范》（GB/T 29328—2018）文件要求，配置自备应急电源，并且自备应急电源与电网电源之间装设可靠的电气或机械闭锁装置，防止倒送电。

（4）应急演练。供电公司应定期开展电网侧应急演练，并结合电网侧应急演练，每年至少开展一次电力用户侧应急演练，演练记录5个工作日内录入重要电力用户管理系统。

三、电网运行风险预警

电网检修、施工、调试等运行方式发生变化，输变电设备缺陷或异常带来运行状况变化，气候、来水等外部因素带来运行环境变化，引起电网运行出现可预见性的安全风险。各地区（州、市）供电公司营销部门应分析重要电力用户用电安全风险，依法依规配合政府组织落实有序用电、用电安全等管控措施，向重要电力用户告知电网运行风险预警，督促其落实应急预案和保安电源措施。

各地区（州、市）供电公司营销部门接到电网运行风险预警后，应按照《国家电网公司电网运行风险预警管控工作规范》（电安〔2016〕5号）在24h（小时）内反馈给相应部门，“预警反馈单”内容应包括受影响重要电力用户预警告知情况、安排落实情况等内容，如图4-9所示。

电网运行风险预警告知单

编号：　年第　号

报送日期：　年　月　日

送达单位			
预警事由			
预警时段			
风险分析			
预控措施及要求			
电网风险管控措施			
告知单位			
联系人		联系电话	
接收人		联系电话	

电网运行风险预警反馈单

编号：　年第　号

营销部　　报送日期：　年　月　日

主送单位					
预警编号					
预警时段					
管控措施安排落实情况					
编制		审核		批准	

图4-9　反馈与告知

对风险预警涉及的二级以上重要电力用户，营销部门提前 2 个工作日向电力用户书面送达《电网运行风险预警告知单》（见附录 D）并签收盖章，及时反馈相应部门。主要内容包括预警事由、预警时段、风险影响、应对措施等，督促电力用户合理安排生产计划，做好防范准备，如图 4-9 所示。

营销部发布的电网运行风险预警，应在重要电力用户管控系统中及时反馈；地区（州、市）调控部门发布的电网运行风险预警，应在 48h（小时）内在安监一体化平台反馈。

第五章

用户侧保电

用户侧保电工作是指依据国家和公司重大活动电力保障工作有关规定，坚持“政府主导、用户主体、电力主动”的原则，供电企业主动对接，按照政府要求，督促、指导电力用户做好隐患和缺陷的排查治理，为其提供技术支持，促进重大活动场所安全可靠用电的工作行为。用户侧保电应遵从国网营销部《重大活动用户侧保电工作规范（试行）》要求。

第一节　保　电　分　级

用户侧保电实行分级管理，根据重大活动的规格、规模和对电力供应与使用的可靠性要求划分保电任务的重要等级并制订具体标准，包括保电任务分级、保电用户分级、保电时段分级。重要性等级分为特级、一级、二级、三级共四个等级。

一、任务分级

1. 特级保电任务

满足下述条件之一的保电任务：

（1）国家举办或承办且有党和国家领导人出席，具有特别重大影响和特定规模的政治、经济、科技、文化、体育等重大活动。

（2）国家电网有限公司确定的特级保电任务。

2. 一级保电任务

满足下述条件之一的保电任务：

（1）各省承办且有党和国家领导人出席，具有重大影响和特定规模的政治、经济、科技、文化、体育等重大活动。

（2）国家电网有限公司、各省电力公司确定的一级保电任务。

3. 二级保电任务

满足下述条件之一的保电任务：

（1）各省主办并承办且有省委、省政府领导出席，具有较大影响和特定规模的政治、经济、科技、文化、体育等重大活动。

（2）各省公司确定的二级保电任务。

4. 三级保电任务

满足下述条件之一的保电任务：

（1）各省主办、市县政府承办，具有一定影响和规模的政治、经济、科技、文化、体育等重大活动。

（2）各省电力公司、市县供电公司确定的三级保电任务。

二、保电电力用户分级

按电力用户（场所）所承担的各项重大活动中的最高等级，确定保电用户重要性等级。由举办地公司营销部门与重大活动举办方商议且由重大活动举办方确认。等级分为特级、一级、二级和三级。

无细分依据，《国网营销部关于印发〈重大活动客户侧保电工作规范（试行）〉的通知》（营销客户〔2019〕35 号）原文引用。

三、保电时段分级

根据重大活动的等级和其在活动前、活动中、活动后不同时段的重要程度，确定保电时段重要性等级。等级分为特级、一级、二级和三级。

无细分依据，《国网营销部关于印发〈重大活动客户侧保电工作规范（试行）〉的通知》（营销客户〔2019〕35 号）原文引用。

第二节 用户侧隐患排查

用户侧隐患排查是指在重大活动开始前，在重大活动举办方或政府电力管理部门的主导下，供电企业依据国家、电力行业标准对开展重大活动的电力用户进行可能造成电力供应故障的隐患进行的排查工作。通过事前隐患排查，及时消缺、整治，保障电力用户供用电持续、安全、可靠，确保重大活动正常举行。

一、隐患排查

保电电力用户所属供电企业应在接到保电电力用户名单后立即组织通用隐患排查，主要排查内容包括保电场馆的供电电源、应急电源、受电装置、运行维护、值班管理、应急管理、重要负荷等。对场馆红线处供电电源一直延伸至重要末端负荷处的高低压设备、重要末端负荷、不间断电源等开展安全隐患缺陷排查，并做好详细记录。对与特级、一级保电场馆的同线路、同母线其他电力用户开展用电检查，并填写《同母线/线路电力用户重大活动供用电安全保障告知书》，交电力用户签收。具体检查内容可参照第四章内容。

1. 供电电源配置检查

根据保电电力用户重要性等级及保电级别，其供电电源配置应满足《重要电力用户供电电源及自备应急电源配置技术规范》（GB/T 29328—2018）供电电源的配置技术要求。

应采用多电源、双电源或双回路供电。当任何一路或一路以上电源发生故障时，至少仍有一路电源能对保安负荷供电。

非重要电力用户应按临时性重要电力用户对待，按照用电负荷的重要性，在条件允许情况下，可以通过临时敷设线路或移动发电设备等方式满足双回路或两路以上电源供电条件。

供电电源的切换时间和切换方式应满足重要电力用户保安负荷允许断电时间

的要求。切换时间不能满足保安负荷允许断电时间要求的，用户应自行采取技术措施解决。

2. 应急电源检查

根据保电电力用户重要性等级及保电级别，其供电电源配置应满足《重要电力用户供电电源及自备应急电源配置技术规范》（GB/T 29328—2018）供电电源的配置技术要求。

（1）重要电力用户均应自行配置应急电源，电源容量至少应满足全部保安负荷正常供电的要求，应达到保安负荷容量的120%。有条件的可设置专用应急母线。

（2）自备应急电源的配置应依据保安负荷的允许断电时间、容量、停电影响等负荷特性，按照各类应急电源在启动时间、切换方式、容量大小、持续供电时间、电能质量、节能环保、适用场所等方面的技术性能，选取合理的自备应急电源。

（3）允许断电时间的技术要求。

1）重要负荷允许断电时间为毫秒级的，用户应选用满足相应技术条件的静态储能不间断电源或动态储能不间断电源且采用在线运行的运行方式。

2）重要负荷允许断电时间为秒级的，用户应选用满足相应技术条件的静态储能电源、快速自动启动发电机组等电源且自备应急电源应具有自动切换功能。

3）重要负荷允许断电时间为分钟级的，用户应选用满足相应技术条件的发电机组等电源，可采用手动方式起动自备发电机。

（4）自备应急电源需求容量的技术要求。

1）自备应急电源需求容量在几百兆瓦以内的，用户可选用满足相应技术条件的独立于电网的自备电厂等自备应急电源。

2）自备应急电源需求容量在几千千瓦以内的，用户应选用满足相应技术条件的大容量发电机组，动态储能装置、大容量静态储能装置（如EPS）等自备应急电源。

3）自备应急电源需求容量在几百千瓦以内的，用户可选用满足相应技术条件的中等容量静态储能不间断电源（如 UPS）或小型发电机组等自备应急电源。

4）自备应急电源需求容量在几千瓦以内的，用户可选用满足相应技术条件的小容量静态储能电源（如小型移动式 UPS、蓄电池、干电池）等自备应急电源。

（5）持续供电时间和供电质量的技术要求。

1）对于持续供电时间要求在标准条件下 12h（小时）以内，对供电质量要求不高的重要负荷，可选用满足相应技术条件的一般发电机组作为自备应急电源。

2）对于持续供电时间要求在标准条件下 12h 以内，对供电质量要求较高的重要负荷，可选用满足相应技术条件的供电。

质量高的发电机组、动态储能不间断供电装置、静态储能装置与发电机组的组合作为自备应急电源。

3）对于持续供电时间要求在标准条件下 2h 以内，对供电质量要求较高的重要负荷，可选用满足相应技术条件的大容量静态储能装置作为自备应急电源。

4）对于持续供电时间要求在标准条件下 30min（分钟）以内，对供电质量要求较高的重要负荷，可选用满足相应技术条件的小容量静态储能装置作为自备应急电源。

5）对于环保和防火等有特殊要求的用电场所应选用满足相应要求的自备应急电源。

3. 自备保安电源的维护

（1）自备电源与电网电源有可靠的闭锁装置，确保不向电网倒送电。

（2）自备电源与电网电源之间只能有一个切换点。

（3）自备发电机应有独立的配电室。

（4）自备发电机操作和维护人员应持证上岗。

（5）自备电源线路与电网电源线路不可同杆架设或交叉跨越。

（6）是否签订自备电源安全协议，协议是否在有效期内。

（7）自备应急电源应定期进行启动试验，保证其在电网电源中断后能正常投运。不同类型自备应急电源及自备应急电源组合的技术指标见表5-1。

表5-1 不同类型自备应急电源及自备应急电源组合的技术指标

序号	自备应急电源种类	工作方式	持续供电时间	切换时间	切换方式
1	UPS	在线、热备	10～30min	＜10ms	在线或STS
2	动态UPS	热备	标准条件12h	0.03～2s	ATS
3	EPS	冷备、热备	60、90、120min等	0.1～2s	ATS
4	HEPS	热备	60、90、120min	＜10ms	STS
5	燃气发电机组	冷备、热备	标准条件12h	0.6～1.5s	ATS或手动
6	柴油发电机组	冷备、热备	标准条件12h	5～30s	ATS或手动
7	UPS＋发电机	在线、冷备、热备	标准条件12h	＜10ms	在线或STS
8	EPS＋发电机	冷备、热备	标准条件12h	0.1～2s	ATS或手动
9	汽轮发电供热机组	旋转备用	标准条件12h	30s	ATS或手动

4. 受电装置及电气设备检查

（1）电气设备运行环境的检查。

1）检查高低压配电站房门窗封闭情况、安全警示标志、防小动物措施、照明、防渗漏及凝露措施等。

2）检查高低压配电房、电气设备区域防火封堵、灭火设施及器具配置等情况。

（2）电气设备运行工况的检查。

1）检查低压设备的接线方式、运行方式和自投方式，重点检查低压系统中ATSE、EPS、UPS等装置以及特别重要、重要负荷的电气回路，确保同一类重要负荷的电源来自不同母线，并以负荷影响最小为原则实现自动投切。

2）检查高压设备的接线方式、运行方式和自投方式，重点检查高压系统进、出线开关的指示仪表、带电显示装置等。

3）督促、协助涉保用户检查特别重要、重要负荷低压配电屏、柜、箱内出线电缆，避免存在接头虚接、电缆外皮磨损、过负荷等情况。

（3）电气设备保护配置的检查。

1）检查高低压设备保护定值设置是否满足可靠供电要求。重点核查各级之间保护配合关系、自动装置投切原理（低压母联自投、末端自投或互投等）、低压系统保护配置等。

2）检查高低压自动投切装置与低压末端 ATSE 投切时间的配合是否满足负荷需求，确保各级保护动作时间的合理性。

3）对已在低压馈线侧安装低电压释放装置的涉保电力用户，应综合考虑供电可靠性和运行要求，根据自身实际情况选择是否继续使用该装置。

5. 运行管理检查

检查内容参照 4.2.3.10。

6. 应急管理

（1）用户侧是否制订详细的停电事故应急预案，是否针对不同的事故预警制订相应的应急预案。

（2）停电事故应急预案是否由电力用户单位领导签发，是否在有效期内，是否符合实际，预案是否根据实际情况（如运行方式变更、人员更换、设备换型等）进行相应的变更。

（3）是否按照预案定期开展演练，是否有演练记录。

（4）应急预案中供用电双方应急联动机制是否健全，职责是否明确，信息传递是否通畅，衔接是否顺达。

二、隐患整改

隐患整改指保电电力用户在供电企业督促、指导下对隐患排查发现的隐患、缺陷进行整改、消除，保障用户侧用电稳定、正常，达到保电目的。

（1）隐患排查治理应实行闭环管理，供电企业在隐患排查后，应向保电用户出具《用电安全隐患整改告知书》，限期整改，做到“服务、通知、报告、督导”四到位。

（2）供电企业应定期向政府相关部门和重大活动举办方书面报告排查发现隐患缺陷及整改情况，并内部存档。

1）应将隐患缺陷及整改情况定期向政府相关部门和重大活动举办方进行书面报告。

2）对未按期整改或整改不到位的重大及以上的缺陷，应及时向政府相关部门和重大活动举办方作出书面报告。必要时提请政府召开供电方、保电电力用户、政府相关部门的三方专题整改会议或进行当面约谈。

3）在重大活动举办前，对保电电力用户不能整改或不能限时整改的，举办地供电公司应以书面形式告知政府相关部门或者举办方；若保电电力用户的场馆不能达到重大活动用电要求的，供电企业可建议政府相关部门要求该场馆退出重大活动。

第三节　用户侧保电手册

用户侧保电手册指供电企业会同保电电力用户，根据用户侧隐患排查的结果，按照“一馆一册”的要求，联合编制供用电保障方案，并在此基础上，以实用性、间接性和指导性为原则，编制口袋书和保电卡，形成总体的用户侧保电手册，指导重大活动期间的保电过程管理，做到有序、可靠。

一、用户侧保电手册

（一）供用电保障方案

（1）供用电保障方案应包括电力用户简介、保电任务、供电电源、用电信息、自备应急电源、重要负荷基本信息、外接应急电源、继电保护及整定、保电人员、应急处置预案、备品备件及安全工器具、后勤保障等内容。

（2）供用电保障方案编制完成后，供电企业营销部门应会同保电电力用户进行联合审查、确认，审查记录和定稿方案各自存档。

（二）口袋书

口袋书应针对岗位编制，主要包括岗位工作所涉及的任务、供配电设施及其正常运行方式、应急电源、重要负荷、关联人员及联系方式、应急处置预案、备品备件及安全工器具清单等内容，要求“一岗一书、一人一本”。

（三）保电卡

保电卡应针对各岗位值守范围内电气运行、应急操作等单一保电事项进行编制，主要包括设备状态巡视检查卡、应急处置操作卡、移动应急发电车操作卡等内容，要求“一事一卡”。

二、保电手册管理

保电手册应在用户侧保电演练前完成审批及发布，并结合保电任务变化、演练暴露问题和临时负荷接入等情况滚动修编；供用电保障方案滚动修编时，应同步修改相应的口袋书和保电卡。

(1) 临时负荷是指在重大活动期间需要临时使用的用电负荷。临时负荷管理包括负荷梳理、使用申请、现场确认、审核批准、接用及拆除。供电企业应指导、督促保电电力用户建立并落实临时负荷管理制度，明确临时负荷用电安全责任分界点、规范临时负荷的接用及撤除流程，防止因保电电力用户临时负荷管理不当引发异常。必要时促成政府相关部门发布加强临时负荷管理的有关办法或要求。

(2) 供电企业应指导保电电力用户组织临时负荷使用单位提前填报临时负荷接入申请单（附件），督促保电电力用户收集、梳理临时负荷的用途、用电地点、用电时间、电压等级、负荷容量、电能质量等需求，提前开展场馆内部配电设施的适应性改造。对不可接入临时负荷的插座、配电箱等进行有效封闭或张贴警示标志。

(3) 供电企业应协助保电电力用户审批临时负荷接入申请，并据此及时更新场馆保电手册；应协助保电电力用户建立临时负荷清册，开展临时负荷使用情况的巡视检查，对未经审批或审批未通过的临时负荷，应立即予以制止；对超过批准容量用电的，应要求临时负荷使用单位减少负荷。

(4) 临时用电结束后，举办地供电公司应督促保电电力用户及时拆除接线，撤出用电设备，涉及多个设备产权方时应做好协调沟通工作。

三、保电手册宣贯

供电企业应会同保电电力用户开展保电手册的宣贯培训。培训应分户进行，培训对象包括举办地公司的电力用户侧保电人员和保电电力用户安排的电气人员。

保电手册由保电电力用户和供电企业双方按照相应文件密级和保密期限进行妥善保管。

第四节 应 急 演 练

保电应急演练是指保电电力用户、供电企业共同组织保电相关人员，模拟保电值守或突发事件的预想场景，按照应急预案所规定的职责和程序，在特定的时间和地点，执行应急响应任务的演习和训练活动。目的在检验应急预案的可操作性和实用性。

一、演练分类

演练主要包括值守演练和应急演练两种类型。

1. 值守演练

值守演练应模拟保电值守场景，覆盖所有值守岗位，主要包括各保电时段值守人员的巡视、工作交接、负荷监控及信息报送等实际工作情况。

2. 应急演练

应急演练指按照事故预想的方式，模拟保电场馆可能出现的突发停电或异常事件，检验用户侧的应急处置能力演习和训练活动。演练分为单路失电演练和全停演练。

（1）单路失电演练是指模拟保电场馆的单条供电线路或单路低压出线失电情况，主要检验用户侧供电拓扑关系，检验高压备自投、ATS、UPS 等装置工作情况及对电压闪动、暂降敏感的重要负荷的影响情况。

（2）全停演练是指模拟保电场馆的全部供电线路失电情况，主要检验应急电源投切动作与时序配合情况、停电恢复程序、信息报送与指令收发等内容。

二、演练流程

1. 演练条件

保电电力用户所属供电企业应会同保电电力用户，依据保电准备工作的进程安排，结合其他专业演练或综合演练，制订演练计划、编制用户侧电力保障演练方案。用户侧演练应在重大活动开始前完成，并预留足够的整改、完善时间。其中：

（1）值守演练应在用户侧电气设施改造完成、电气管理人员和运维人员全部定岗到位的条件下实施。

（2）单路失电演练应在演练线路及关联线路、应急电源等改造完成、相关人员定岗到位的条件下立即组织实施，每条高压供电线路、每条为重要负荷供电的低压线路不少于一次。对发现问题的，应在完成问题整改后再次验证演练，直至问题消除。

（3）全停演练应在用户侧电气设施改造完成、电气管理人员和运维人员全部定岗到位的条件下实施。

演练前，参演各方应明确危险点并做好安全防护措施，确保演练过程中不发生人员伤亡、财产损失、设备损坏等异常情况。演练负责人应根据演练方案组织完成演练人员、物资、装备、环境等各方面的准备，提前做好应急移动设备的就位，并组织专题培训。

2. 演练实施

（1）演练要求。参演人员根据演练指令，按照演练方案规定的程序开展演练，不得擅自增加或减少内容。应采用文字、照片和音像等手段记录演练过程。用户侧演练方案应包括演练组织机构、演练科目及时间、场景、电气状态设置、事件模拟、处置流程等主要内容和安全要求。

（2）综合演练。参加跨专业联合演练、跨行业综合演练时，用户侧演练内容应并入上述演练方案，不再单独制订用户侧演练方案。

（3）突发状况处理。演练期间发生突发停电、安全事件等意外情况时，立即终止演练，转入应急处置，并向演练负责人汇报。

3. 演练评估

演练结束后，保电电力用户所属供电企业应会同保电电力用户开展演练评估，并编制用户侧电力保障演练评估报告，提出问题整改和完善保电方案、应急预案的意见和建议。

4. 整改完善

保电电力用户所属供电企业会同保电电力用户就应急预案针对演练过程中发现的问题及评估小组的意见和建议进行修改完善，确保应急预案的实用性和可操作性。

第六章

窃电及违约用电

窃电、违约用电不仅危及电网供用电安全，还使供电企业蒙受了经济损失。本章将简单介绍窃电、违约用电的定义、范围，查处违约用电及窃电时的注意事项及查处窃电及违约用电处理步骤及相关防治措施。

第一节 窃电及违约用电概述

一、定义

凡是危害供用电安全、扰乱正常供用电秩序的行为，均属于违章用电，违章用电主要分为两大类，分别为窃电及违约用电，供电企业对查获的违章用电行为应及时制止。

（1）窃电是指以不交或者少交电费为目的，采用隐蔽或其他手段以达到不计量或少计量非法占用电能的行为。

（2）违约用电是指已与供电企业建立供用电关系的用户，存在危害供用电安全或扰乱供用电秩序的行为。

二、工作原则

（1）遵循“依法合规、打防结合、查处分离、综合治理”的原则。

（2）严格按照《供电营业规则》等相关规定依法依规处理违窃电行为。

（3）使用照相机、摄像机、执法记录仪等设备做好违窃电现场取证工作。

（4）严禁使用违窃电流程发起电量追补等非违窃电流程，不发生违窃电终止工单。

（5）违窃电纸质资料按照“一案一档”要求进行保管（包含处理工作单、用电检查工作单、违窃电通知书、窃电行为报告表、停电通知书、缴费通知单、缴费收据、现场照片、电子影像资料等）并长期保存。

第二节 违窃电查处

一、窃电的分类

按照《供电营业规则》第一百零一条规定禁止窃电行为具体有以下 8 种：

（1）在供电企业的供电设施上，擅自接线用电。

（2）绕越供电企业用电计量装置用电。

（3）伪造或开启供电企业加封的用电计量装置封印用电。

（4）故意损坏供电企业用电计量装置。

（5）故意使供电企业用电计量装置不准或失效。

（6）采用其他方法窃电。

（7）使用装置窃电。

（8）伪造电费卡或非法对电费卡充值用电。

二、违窃电查处步骤

（一）数据分析准备阶段

1. 数据分析

根据嫌疑用户工单信息，查询嫌疑用户营销业务应用系统、用电信息采集系统等系统数据，筛选异常数据信息，初步判断窃电手法、窃电时间等关键信息。分析范围包括且不限于以下内容：①是否存在历史窃电、违约用电记录；②是否位于高损或线损波动的线路、台区；③电量是否突增突减；④是否存在电能表停走、电量反向等异常；⑤单相电能表的相线和零线电流是否一致，三相电能表各元件电流是否明显不平衡；⑥是否存在电能表开盖、失压、失流、时钟超差、逆相序等异常事件；⑦是否存在采集失败或特定时段采集数据缺失；⑧是否存在功率因数异常；⑨电能表时段设置和当前电价策略是否一致；⑩农排用电、学校用电等季节性用电是否存在季节性波动特征；⑪是否存在超容用电；⑫暂停、减容用户电量是否异常；⑬户名、用电地址、负荷特性、用电量与执行电价类别是否匹配。

2. 方案制订

通过数据分析精准确定嫌疑用户，开展现场检查方案制订，现场检查方案包括且不限于以下内容：①检查时间、检查方式、检查重点；②现场检查需要的检查设备、取证设备、工器具等；③现场检查人员配置及分工（含装表接电、配电运行检修等辅助工种）；④系统数据监控、查询人员配置及分工；⑤现场突发情况安保预控措施；⑥行动保密措施；⑦其他需要提前落实的保障措施。

3. 工作准备

现场检查前首先要联系政府、公安相关执法机构，涉及重大窃电案件或存在群体性突发事件风险的，根据实际情况做好引入公安机关等政府相关机构的准备；其次要确定现场检查人员，向现场工作负责人下达检查任务，并对现场检查方案进行工作交底。工作负责人根据工作内容和现场检查方案（必要时）确定工作班成员；检查前要严格执行《国家电网公司电力安全工作规程》，依据工作任务填写工作票或现场作业工作卡；办理签发、许可手续，打印现场《用电检查工作单》，核对检查对象基础档案信息，根据工作内容和现场检查方案（必要时）选择现场工器具、取证用具。

（二）行动部署阶段

（1）在确定重点嫌疑对象后，应制订相应方案并获得主管领导的批准，行动要缜密，如果存在发生人身伤害事件的可能，在行动前应得到当地公安部门的全力支持，防止人身伤害事件的发生，确保行动的顺利开展。

（2）由用电检查人员组成检查组进入电力用户处进行全面检查；由生产运行人员组成的停电组等待检查组的检查结果，发现确有窃电行为的随时配合停电。

（三）调查取证阶段

（1）反窃电现场检查时，检查人数不得少于两人。现场检查前要再次核对检查对象，包括检查对象用户名称、用电地址、电能表表号等是否正确；根据工作票或现场作业工作卡所列安全要求，落实安全措施。

（2）检查发现用户存在窃电行为应使用现场执法记录仪进行取证。窃电案件具有法定取证职责的部门，包括供电企业、公安机关和人民法院，以供电企业为主。供电企业查获违窃电后，在案情重大的情况下，应请公证人员到现场，由公证人员对现场违窃电状况进行公证，取得有力证据，人民法院通常将公证证据作为认定实施的依据。

（3）用于定案的窃电证据，必须同时具备合法性、客观性、关联性，缺一不可。

1）依法获取证据。窃电证据的取得必须合法，只有通过合法途径取得的证据才能作为处理的依据。

2）用电检查人员执行检查任务履行法定手续，而且不能滥用或超越电力法及配套规定所赋予的用电检查权。

3）经检查确认，确有窃电的事实存在。

4）窃电取证过程应依法执行。

5）物证的制作应完整规范。

（4）现场取证核查重点。

1）是否在供电企业的供电设施上擅自接线用电。

2）是否存在不明供电电线、电缆，核实其来源。

3）是否存在用途不明的无线电发射装置、无线电天线。

4）是否存在磁饱和电流声，是否存在强磁装置。

5）是否存在其他用途可疑的设备。

6）加封电力设备的封条（封印）是否完好，已封存设备是否在用电。

7）用电性质与执行电价是否匹配。

8）用户变压器铭牌额定容量与合同容量是否一致。

9）电能表外观是否存在破损、灼烧现象。

10）电能表检定合格证是否完好，有无脱胶、胶水粘贴痕迹、粘贴位置异常等现象。

11）计量箱（柜）、电能表、试验接线盒封印是否缺失，外观是否完好，颜色是否正确，封印编号与系统是否一致。

12）有无异物接入计量回路。

13）是否存在改接线或错接线现象。

14）是否存在断线、松动、氧化、异常绝缘等现象。

15）低压穿芯式电流互感器极性、穿芯匝数是否正确，铭牌变比与系统是否一致，有无过热、烧焦、铭牌更动现象。

16）试验接线盒是否存在外观破损、胶合痕迹、接线螺钉异常凸起、连接片异常等现象。

17）电能表显示的相序、电压、电流、功率、功率因数、当前日期及时间、时段、最近一次编程时间等是否存在异常，是否存在开表盖记录。

（5）取证的方法和内容。检查完成后立即提取、固化重要物证。重要物证包括被故意损坏或改动的计量装置、专用窃电设备、违规搭接的线缆等。

1）采用物证封装袋（箱）封存物证。

2）物证无法搬运的应现场加封。

3）在加封处注明加封时间、取证地点，并由供电方取证人、用电人和现场见证人（如有）三方签字。

4）物证依法应当由公安机关等有关部门保管的，配合其履行物证提取、固化、移交程序。

（四）窃电处理阶段

（1）如确定用户有窃电行为，用电检查人员根据调查取证结果，按照《中华人民共和国电力法》及《供电营业规则》相关规定，开展窃电通知书一式两份，经窃电用户当事人或法人确认签章后，一份交于窃电用户，一份由用电检查人员留存。

（2）如用户否认窃电事实，拒绝在窃电通知书上签章，报送电力管理部门依法处理，对于窃电涉及费用巨大及拒绝接受处理的用户，可转交司法机关并进行立案调查，依法追究窃电人员刑事责任。

（3）窃电用户对窃电事实供认不讳，用电检查人员应根据调查取证情况，按照相关法律法规依据，与窃电用户形成初步窃电处理意见，针对用户的窃电行为确定处理方式，填写窃电处理工作单。

（4）双方对窃电、违约用电结果存在争议的，须对拆除的计量装置、变压器等进行联合封存并确定保管方式，送至技术鉴定机构鉴定。

（5）用电检查人员核对窃电用户的追补电费及违约使用电费，经分级审批后，发行追补电费及违约使用电费，并通知用户缴纳追补电费及违约使用电费。营业厅人员根据发行电费收取电费，并开具收据。涉及金额较大或影响恶劣的窃电、违约用电案件，可上报公安机关，配合进入司法程序处理。

（6）各单位对查获的窃电行为，应予制止并可当场中止供电，中止供电时应符合下列要求：①应事先通知用户，不影响社会公共利益或社会公共安全，不影响其他用户正常用电；②对于高危及重要电力用户、重点工程的中止供电，应报本单位负责人及当地电力管理部门批准。

（7）窃电处理结束后，各单位应按档案管理要求对窃电查处全过程资料进行归档，并长期保存；未进入行政或司法程序的窃电案件原则上应于2个月内办结归档。

三、窃电电量的计算

《供电营业规则》第一百零二至一百零四条规定：

（1）供电企业对查获的窃电者，应予制止并可当场中止供电。窃电者应按所窃电量补交电费，并承担补交电费三倍的违约使用电费。拒绝承担窃电责任的，供电企业应报请电力管理部门依法处理。窃电数额较大或情节严重的，供电企业应提请司法机关依法追究刑事责任。

（2）窃电量按下列方法确定：

1）在供电企业的供电设施上，擅自接线用电的，所窃电量按私接设备额定容量（千伏安视同千瓦）乘以实际使用时间计算确定。

2）以其他行为窃电的，所窃电量按计费电能表标定电流值（对装有限流器的，按限流器整定电流值）所指的容量（千伏安视同千瓦）乘以实际窃用的时间计算确定。

3）窃电时间无法查明时，窃电日数至少以一百八十天计算，每日窃电时间：电力用户按 12h（小时）计算；照明用户按 6h 计算。

（3）因违约用电或窃电造成供电企业供电设施损坏的，责任者必须承担供电设施的修复费用或进行赔偿。

（4）因违约用电或窃电导致他人财产、人身安全受到侵害的，受害人有权要求违约用电或窃电者停止侵害，赔偿损失。供电企业应予协助。

（5）按照《国家发展改革委关于进一步深化燃煤发电上网电价市场化改革的通知》（发改价格〔2021〕1439 号）、《国家发展改革委办公厅关于组织开展电网企业代理购电工作有关事项的通知》（发改价格〔2021〕809 号）相关工作部署，由电网企业代理购电的工商业用户及有典型负荷曲线的用户，若发生窃电行为，窃电电价应按照窃电期间每月代理交易电价执行。

四、违约用电的分类及计算

《供电营业规则》第一百条规定：“危害供用电安全、扰乱正常供用电秩序的行为，属于违约用电行为。供电企业对查获的违约用电行为应及时予以制止。有下列违约用电行为者，应承担其相应的违约责任”。

（1）在电价低的供电线路上，擅自接用电价高的用电设备或私自改变用电类别的，应按实际使用日期补交其差额电费，并承担二倍差额电费的违约使用电费。使用起讫日期难以确定的，实际使用时间按三个月计算。

（2）私自超过合同约定的容量用电的，除应拆除私增容设备外，属于两部制电价的用户，应补交私增设备容量使用月数的基本电费，并承担三倍私增容量基本电费的违约使用电费；其他用户应承担私增容量每千瓦（千伏安）50 元的违约使用电费。如用户要求继续使用者，按新装增容办理手续。

（3）擅自超过计划分配用电指标的，应承担高峰超用电力每次每千瓦 1 元和超用电量与现行电价电费五倍的违约使用电费。

（4）擅自使用已在供电企业办理暂停手续的电力设备或启用供电企业封存电力设备的，应停用违约使用的设备。属于两部制电价的用户，应补交擅自使用或启用封存设备容量和使用月数的基本电费，并承担二倍补交基本电费的违约使用电费；其他用户应承担擅自使用或启用封存设备容量每次每千瓦（千伏安）30 元的违约使用电费。启用属于私自增容被封存的设备的，违约使用者还应承担本条第 2 项规定的违约责任。

（5）私自迁移、更动和擅自操作供电企业的用电计量装置、电力负荷管理装置、供电设施以及约定由供电企业调度的用户受电设备者，属于居民用户的，应承担每次 500 元的违约使用电费；属于其他用户的，应承担每次 5000 元的违约使用电费。

（6）未经供电企业同意，擅自引入（供出）电源或将备用电源和其他电源私自并网的，除当即拆除接线外，应承担其引入（供出）或并网电源容量每千瓦（千伏安）500 元的违约使用电费。

（7）按照《国家发展改革委关于进一步深化燃煤发电上网电价市场化改革的通知》（发改价格〔2021〕1439 号）、《国家发展改革委办公厅关于组织开展电网企业代理购电工作有关事项的通知》（发改价格〔2021〕809 号）相关工作部署，由电网企业代理购电的工商业用户及有典型负荷曲线的用户，若发生违约用电第（1）种行为，违约电价应按照违约用电期间每月代理交易电价执行。

第三节　窃电及违约用电防治措施

一、业扩源端防治

业扩实行规范化管理，新装和增容业务应制订业务管理工作流程图。对现场查勘、方案审订、设计审核、中间检查、竣工验收、装表接电流程步骤制订相关的规范操作程序，同时签订《供用电合同》时，在合同上约定用户配合用电检查和违窃电查处的义务、窃电数额的计算方法和当场中止供电等条款，可以起到事前防范的作用。业扩新装环节积极推广回路状态巡检仪、RFID 电子封印，研发应用具有防窃电功能的新型表箱（计量柜）和智能锁具等，加强对重点嫌疑窃电区域或用户的换装力度。

二、计量过程防治

建立和完善计量台账。电能表型号、规格、生产厂家、出厂编号、用户名称、配用 TA 和 TV 变比以及检修、更换、试验记录、铅封封印等都应在台账中写清楚，以便查电核对。对计量装置实行定期轮校和定期轮换制度，现场装拆计量装置及验收应由 2 人及以上进行，既是安全需要，也是互相监督、减少差错的措施。现场发现计量装置损坏、伪造或开启计量装置封印，计量二次接线被改动等窃电迹象时，应及时向领导汇报并通知用电检查人员前往检查。

三、抄核收末端防治

在抄表、复核、收费三者分离的基础上，防治违窃电的关键在于抄表和复核两个环节，用电稽查人员要加强对抄表和复核的监督，抄核收人员也应负有对违窃电行为发现和举报的责任。对用电大户和重点电力用户，必须加强对其用电装置和用电情况的跟踪调查，建立档案，重点管理。对临时用电的用户，无论用电时间长短，都要装表计量，按时抄表收费，并建立临时台账。抄表人员在抄表前，必须检查计量装置，一旦发现有窃电迹象，必须立即向领导汇报或向用电检查人员反映，以免延误时机，给供电企业造成更大的损失。

四、营销日常防治

(1) 加强供用电合同的管理。除了让用户明确合同条款并签章外，更重要的是让用户清楚违窃电应承担法律责任。强化用电普查和用电检查工作，制订切实可行的用电普查和用电检查计划并严格执行，不搞形式主义，不走过场。

(2) 线损管理。认真做好线损管理工作，线损管理人员要与营销人员密切配合，及时掌握各线路、各台区的线损波动情况。及时做出准确的线损分析结论，为防止窃电工作提供可靠理论依据和窃电检查的重点区域。

五、加强政企联动机制

坚持综合治理，不断深化政企、警企合作，建立多种形式的联合反窃电工作机制，借助行政、司法力量强化窃电打击力度。对于反复窃电的、拒不接受处理的、被行政管理部门处理的、被司法机关依法追究刑事责任的窃电单位和自然人，各单位应及时对其失信行为进行确认，并将其失信信息纳入相关征信系统；对于其他窃电，各单位结合实际情况将其失信信息纳入相关征信系统。

六、落实内外部惩处

对反窃电工作中存在徇私舞弊、以电谋私、损害公司和用户利益等违规行为的集体和个人，应依据《国家电网有限公司员工奖惩规定》《国家电网公司供电服务奖惩规定》等给予严肃处理；涉嫌违纪、职务违法、职务犯罪的，移送纪检监察机构依纪依法处置；大力宣传违约用电和窃电给电网和广大用户带来的用电安全事故、降低可靠率等危害，使广大用户能充分认识到，举报窃电和违约用电是保护自己切身利益的行为，又是保护国家财产的行为；同时供电企业有义务保护举报人隐私，设立举报奖励制度，如果举报者按照供电企业的要求进行了举报且举报属实的，兑现奖励，唤起广大群众依法用电意识，群防群治，营造平安和谐的用电环境。

第七章

供用电合同管理

供电企业与用户的关系，说到底是一种供用电合同关系，双方的权利义务是靠一纸合同来规范。严把签约关，签好供用电合同，不仅是防范电费风险的第一道防线，对于规避企业其他经营风险、依法保障合法权益，保证良好的供用电秩序具有十分重要的意义。

《中华人民共和国民法典》合同编分为通则、典型合同、准合同三个分编，共计 526 个条文，几乎占据民法典条文的半壁江山。民法典合同编在原来的合同法基础上，进行了全方位的升级，贯彻全面深化改革的精神，坚持维护契约、平等、公平精神，完善合同制度，紧跟时代步伐。

《中华人民共和国民法典》为合同主体明确了行为规则，无疑会更好地保护民事主体合法权益，进一步保障交易公平有序，维护社会经济秩序，增强市场经济发展的动力。如何有效规避法律风险，避免出现影响供用电合同效力的问题，提出解决问题的建议、制订解决问题的措施，对于电力行业来说是非常重要。本章根据《中华人民共和国民法典》合同编相关规定，并结合实际，突出内容的实用化和业务的规范化，反复研讨修改编写而成，主要阐述供用电合同风险影响、风险防范与对策，以此不断强化供用电合同的管理，维护企业权益。

第一节　供用电合同分类及适用范围

合同是反映交易的法律形式，根据《中华人民共和国民法典》合同篇，供用电合同是供电方向用电方供电，用电方支付电费的合同。它是确立电力供应与使用关系，明确供用电双方权利和义务的法律文书。供用电合同的签订和履行是电力经营中一项重要工作。

一、供用电合同的定义及内容

《中华人民共和国民法典》合同篇规定：供用电合同是供电人向用电人供电，用电人支付电费的合同。供用电合同明确了供用电双方在供用电关系中的权利与义务，是双方结算电费的法律依据。供用电合同包括供电企业与电力用户就电力供应与使用签订的合同书、协议书、意向书以及具有合同性质的函、意见、承诺、答复等，如并网调度协议、电费结算协议、错避峰用电协议以及用户资产移交或委托维护协议等。

二、供用电合同的分类及适用范围

根据供用电方式和用电需求的不同，供用电合同分为：高压供用电合同、低压供用电合同、临时供用电合同、转供电合同、趸售电合同和居民供用电合同六种形式：

（1）高压供用电合同。适用于供电电压为10kV（含6kV）及以上的高压电力用户。

（2）低压供用电合同。适用于供电电压为220/380V的低压电力用户。

（3）临时供用电合同。适用于《供电营业规则》规定的非永久性用电的用户。基建工地、抗旱打井、防汛排涝及节日彩灯、拍摄电视和电影等短期用电以及农田水利、市政建设、抢险救灾等临时用电。临时用电期限除经供电企业准许外，一般不得超过六个月，逾期不办理延期或永久性正式用电手续的，供电企业应终止供电。

（4）转供用电合同。适用于公用供电设施尚未到达的地区，为解决公用供电设施尚未达到的地区用电人的用电问题，供电人在征得该地区有供电能力的用电人（委托转供人）同意，委托其向附近的用电人（转供用电人）供电。供电人与委托转供人应就委托转供电事宜签订委托转供电合同，委托转供电合同是双方签订供用电合同的重要附件。供电人与转供电人之间同时应签订供用电合同。转供电人与其他用电人一样，享有同等的权利和义务。

转供电不利于安全、经济、合理用电，也不利于供用电的管理。与供电企业的直接供电相比，安全可靠性差、电费收取困难、电力资源浪费较大。因此，国家和供电企业均不提倡委托转供电的供电方式。对已采用转供电的地区和用户，应进行整顿和改造，改委托转供电为供电企业大电网直接供电方式。

（5）趸售电合同。适用于供电人与趸购转售电人之间就趸购转售电事宜签订的供用电合同。

（6）居民供用电合同。适用于城乡居民生活用电性质的用电人。由于居民生活用电供电及计量方式简单，执行的电价单一，加之该类用电人数量众多，其供用电合同采用统一方式。用电人申请用电时，供电人应提请申请人阅读（对不能阅读合同的申请人，供电人应协助其阅读）后。申请人签字（盖章）合同成立。

三、供用电合同范本使用

供用电合同管理中采用标准文本制度，可通过对相关条款的统一制订，减少合同漏洞，也可减轻撰写合同条款的负担，降低管理人员审查工作量，提高效率。同时，按照标准文本签订的供用电合同，其权利义务容易分辨，即使发生纠纷，也可以比较容易地举证，请求法律的保护。

为了协调电力供、用双方的关系，明确双方的责任，确立正常的供用电秩序，安全、经济、合理地使用电力，根据《供电营业规则》的规定，由国家电网有限公司统一制订《高压供用电合同》《低压供用电合同》《临时供用电合同》《转供用电合同》《趸售用电合同》范本并编号，国家电网有限公司系统内共同遵守。

高压、低压供用电合同范本及填写说明附后。

四、供用电合同档案管理

供用电合同档案是合同双方当事人履行合同的依据，是维护企业合法权益的有效凭证，也是合同争议发生后双方确定彼此义务和承担责任的依据。

（1）供用电合同档案的内容包括：供用电合同订立过程中形成的资信调查材料、申请书、担保书、委托书、批准书、确认书、达成协议的往来文电、供用电合同正本及附件等；供用电合同履行过程中发生的变更申请书，以及有关供用电合同修改补充、转让、变更、解除、调解、仲裁、终止等方面的文件材料。按照档案管理规定，对所有的供用电合同相关档案，都要以户为单位逐一进行建档，进行完善的保存。

（2）供用电合同档案管理要求。按照档案管理规定，对所有的供用电合同相关档案，都要以户为单位逐一进行建档，进行完善的保存；受电工程竣工后，应做好整个工程文件有关资料的移交工作，并建立好工程档案，妥善保管；受电工程竣工后，施工单位应当移交的资料包括设计文件、设计变更、电缆清册、设备产品资料、合格证、产品试验检查记录等工作报告和有关文件。

五、供用电合同授权委托管理

（1）供用电合同的授权委托制度包括两方面的内容：①供电企业一方对签订供用电合同的授权；②用户一方对签订供用电合同的授权，供电人应当认真查询授权委托书的真伪，并且存档用户的授权委托书。

（2）授权委托书内容。要载明代理人姓名或名称、代理事项、权限和期限，并由委托人签名或盖章等内容。授权委托书中要求法定代表人签名并盖章，既签名也盖章的是指要有法定代表人签名并盖章有效，签名的同时又盖章的情形。

第二节 供用电合同的签订

一、供用电合同审查

1. 新装/增容用户供用电合同审查

（1）审查用电人提交的资料是否齐全。《供电营业规则》规定：供电企业和用户应当在正式供电前，根据用户用电需求和供电企业的供电能力以及办理用电申请时双方已认可或协商一致的下列文件，签订供用电合同。

1）用户的用电申请报告或用电申请书。

2）新建项目立项前双方签订的供电意向性协议。

3）供电企业批复的供电方案。

4）用户受电装置施工竣工检验报告。

5）用电计量装置安装完工报告。

6）供电设施运行维护管理协议。

7）其他双方事先约定的有关文件。

对用电量大或供电有特殊要求的用户，在签订供用电合同时，可单独签订电费结算协议和电力调度协议等。

（2）审查供用电合同主体是否合法。

用户在订立供用电合同时，必须具有相应的民事能力，这是法律对合同主体资格做出的规定。用户主体资格不合格，所订立的供用电合同就不发生法律效力。用电人的名称设定注意事项如下：

1）由于用电人的名称是用电人依法取得的对外经营活动的标称，特指企业的专用代号，具有专有性和排他性。所以，填写时应规范、完整，不得写简称、俗称，应与其营业执照和公章一致。因此对用电人名称确定时，应要求用户提供营业执照，法人、经办人身份证原件及复印件，并要求用户提供原件来核对。

2）供用电合同中的用电人是自然人时，涉及合同金额一般较低，但合同数量较多，频率较高。用电人是法人时，由于法人在经济生活中千差万别，一些法人可能资不抵债。因此，为有效控制法律风险应当深入了解法人资格，特别是了解不具有法人资格但可以以自己的名义进行民事活动的社会组织。按照现行法律，社会组织包括合伙、法人分支机构、个人独资企业、个体工商户、农村承包经营户等。由于这类主体最终的责任承担不具有完全的独立性，因此在对其了解时，必须同时对最终的责任承担者进行必要的了解，才能有效地控制风险。

（3）审查供用电合同内容的合法性和可行性。合同条款完整，双方权利义务明确、具体，文字表述清楚；供电企业提供的供电方式、供电质量及电能计量装置等具有可行性，有相应的技术保证。

（4）审查供用电合同条款填写是否完备。涉及供电方式、用电时间、用电容量、用电性质、计量方式、电价以及违约责任等基本内容，务必做到具体、清楚、完备。供电设施责任产权分界处，不仅是供用电合同的履行点，也是发生纠纷时确定由谁承担法律责任的归责点，更应按照《供电营业规则》的有关规定，在供用电合同中划清产权责任分界点。在文字说明不直观时，可附以图形说明。供用电合同管理人员在审查供用电合同，应对合同每一个条款、词、字乃至每一个标点符号都要进行仔细推敲，反复斟酌，确定合同中是否存在前后意思矛盾、词义含糊不清的文字表达，及时容易引起误解、产生歧义的语词，确保合同的措辞用字准确无误，以便双方遵照执行。

2. 变更用电供用电合同审查

（1）按照《高压供用电合同》中 33.2 条款的约定，供用电合同在合同履行中，发生非永久性减容、暂停、暂换、移表、暂拆、改类、调整定比定量、调整基本电费收取方式的，双方约定不再重新签订合同，该变更的书面申请及相关批复作为供用电合同的补充，与本合同具有同等法律效力。

（2）根据以上要求，双方约定再重新签订合同的，按照新装、增容用户供用电合同审查办理。

(3) 对于双方约定不再重新签订合同，供用电双方订立《合同事项变更确认书》(见表 7-1)。

表 7-1 合同事项变更确认书

序号	变更事项	变更前约定	变更后约定	供电人确认	用电人确认
1				(签) 章 __年__月__日	(签) 章 __年__月__日
2				(签) 章 __年__月__日	(签) 章 __年__月__日

3. 终止用电供用电合同审查

(1) 按照《高压供用电合同》36 条款的约定，供用电合同因如下情形终止：

1) 用电人主体资格丧失或依法宣告破产。

2) 供电人主体资格丧失或依法宣告破产。

3) 合同依法或依协议解除。

4) 合同有效期届满，双方或一方对继续履行合同提出书面异议。

(2) 供用电合同终止后，供用电双方应相互配合，在供用电合同产权分界点处解除双方设施的物理连接，如用电人不予配合的，在保证安全的前提下，供电人有权操作或更动有关供电设施，单方解除双方设施的物理连接。

(3) 供用电合同终止，双方应签订《供用电合同解除协议》。

二、供用电合同签订规范

1. 供用电合同订立和有效期

(1)《国家电网公司业扩报装管理规定（试行）》(国家电网公司营销〔2007〕

49 号）规定：根据相关法律法规和平等协商原则，正式接电前，合同条款应按照国家电网有限公司下发的《供用电合同》（参考文本）确定。未签订供用电合同的，不得接电。此外，《供电营业规则》第九十二条规定：供电企业和客户应当在正式供电前，根据客户用电需求和供电企业的供电能力以及办理用电申请时，双方已经认可或协商一致的文件签订供用电合同。

（2）高压供用电合同有效期一般不超过 5 年，低压供用电合同有效期一般不超过 10 年。由于合同期满大部分无法及时重新签订，其原因是供电企业无法及时签订，因此不宜约定有效期满合同终止，应当明确有效期届满双方无异议继续有效。

（3）合同有效期届满，合同一方提出异议的，应在合同有效期届满的 15 天前提出，对一方提出的异议，经协商，双方达成一致，重新签订供用电合同。在合同有效期届满后续签的书面合同签订前，合同继续有效。如果一方提出异议，经协商，不能达成一致的，在双方对供用电事宜达成新的书面协议前，合同继续有效。

2. 供用电合同文本和附件

（1）供电合同订立时合同的正本一般一式两份，供电人持一份，用电人持一份；副本两份，供电人执一份，用电人执一份。

（2）供用电合同的附件是双方按供用电业务流程所形成的申请、批复等书面资料均作为本合同附件，与合同正文具有相同效力。供用电合同附件主要包括《术语说明》《产权分界点示意图》《电费结算协议》《变更事项确认书》《自备电源安全使用协议》《双电源安全使用协议》《供用电安全协议》《电费担保协议》《授权委托书》等。合同附件的内容不得与正本内容相矛盾，应保持一致，供用电合同的附件应与正本同时存放。

3. 签订供用电合同的注意事项

（1）签订合同前，要求用户提供营业执照等必要的资信情况证明文件，同时要对资信证明文件真实性、合法性进行审查。

（2）合同的签订应严格履行审批流程。对供电方案的经济性、可行性、安全性以及供用电合同条款完整，电能计量装置等具有可行性，签约人、各级审核人员必须认真审查。

（3）法定代表人授权代理人签订供用电合同时，必须事先办理书面授权委托书。

（4）供用电合同在签约过程中，供电企业应履行提请注意和异议答复程序，对电力用户书面的异议，供电企业必须书面答复，并留存相应的答复记录。

（5）供用电合同审核批准手续完备后，供用电双方应在合同上签字、盖章。用户盖章时，用户是法人的，所盖章必须是单位的公章或合同专用章，并由法定代表人或授权代理人签字；当供用电合同的用电方是自然人时，个人在合同上签字后，还应当加盖公民的个人手印，一般以食指为宜，此时工作人员必须核实用户身份，并要求用户现场签字并加盖手印。供用电合同附件也同正本统一加盖合同专用章或公章。用电双方应在新签供用电合同上加盖骑缝章。

（6）供用电合同附件及其有关资料要整理齐全，一并归入主合同档案。合同签订后应做好供用电合同的档案管理工作。

4. 电子供用电合同

《中华人民共和国民法典》明确了电子合同是书面合同的一种形式，要求签订确认书的，电子合同成立的标志是确认书签订之时。供电方通过互联网等信息网络发布的供电及服务信息符合要约条件的，用电方提交订单成功时合同成立。法律规定电子合同的成立地点为收件人的主营业地或住所地。电子合同在法律上视为“书面形式”订立的合同，但不可否认它与传统的书面合同还是有诸多区别的，在工作中也引发新的问题，例如：

（1）主体问题。如何确认点击屏幕或键盘的主体是合法有效的主体，而不是无民事行为能力人或其他法律规定不具备签署该合同资格的主体。目前的电子签名制度似乎仍不足以完全解决主体认证的难题。

（2）避免电子合同条款被篡改，运用第三方存储技术存储电子合同。合同双方签署了一个电子合同，这个合同被存储在合同一方的服务器上，将面临潜在风险，因为无法监控条款的稳定性，如条款被篡改，它也难以拿出有效的证明材料，这种情况下，就需要引入第三方存储技术。目前已经有越来越多的创业公司进入第三方存证技术的领域，例如做录音存证的安存，做在线签署合同的中国云签等。法院也在案件审理中认可了通过第三方证据平台保全的证据。

《中华人民共和国民法典》合同编对电子合同的规定为进一步规范电子合同领域的一系列问题提供了框架和指引，是解决电子合同相关法律问题的重要一步。

第三节 供用电合同的履约管理

一、供用电合同履约中止

供用电合同履行中止（停电）是指供用电双方当事人在履行合同过程中，由于一方当事人不能实际履行合同规定的义务或实施违反电力法律法规及规章规定的禁止性行为，而另一方当事人为避免因其造成的损失，暂时停止合同履行的一种法律行为。供用电合同履行中止的规定如下：

（1）《电力供应与使用条例》规定：违章用电，可以根据违章事实和造成的后果追缴电费，并按照规定加收电费；情节严重的，可以按照国家规定的程序停止供电。《供电营业规则》规定：对查获的窃电者，应予制止并可当场中止供电。

（2）《中华人民共和国民法典》合同篇规定：供电人因供电设施计划检修、临时检修、依法限电或者用电人违法用电等原因，需要中断供电的，应当按照国家有关规定事先通知用电人。未事先通知用电人中断供电，造成用电人损失的，应当承担损害赔偿责任。

（3）供电企业需对用户停止供电时，应将停电的用户、原因、时间报本单位批准。在停电前3～7天内，将停电通知书送达用户，对重要用户停电，应将停电通知报送同级电力管理部门。在停电前30min（分钟），将停电时间再通知用户一次，方可在通知规定时间实施停电。

（4）用电人对中断供电有异议，可向电力管理部门投诉，接受投诉的电力管理部门应当做出处理决定，若供电人对处理不服，可申请行政复议或提起行政诉讼。

二、供用电合同通知与送达

供用电合同到期或合同期限内，由于外界条件以及供用电情况发生较大变化，或需要对原合同做多处重大修改时，双方及时发出通知，并送达对方。

（一）供用电合同通知的种类

由于供用电合同具有较长期限，期间可能会发生很多合同内容的变更事件，需要及时通知对方，供用电合同通知种类分为二种：①对重要事件或涉及变更内容较多的按修改方式，如增减容量等；②对临时性变更或不影响合同实质性内容的通知，可采用业务办理过程中的形成书面申请及批复、书面通知书、业务工作单票体现的，如最大需量值、暂停容量等。

（二）供用电合同通知的要求

（1）任何一方变更其接收地址、电子邮箱或传真号码等均应按合同的约定向另一方发出通知，各方接收所有通知及同意的地址、传真号码和电子邮箱应在合同中明确，同时要填写的具体、规范，写明全称。

（2）用户违章用电后，应填写《违章用电停电通知书》，加盖供电企业印章，送达用户，并要求用户对该通知签字确认，后将《违章用电停电通知书》送达用户，对重要用户停电，应将《违章用电停电通知书》报送同级电力管理部门。对重要用户及大用户要在停限电前30min（分钟）再用电话通知用户一次，并做好电话录音，方可在通知规定时间实施停限电。“欠费用户停电通知书”送达用户后，要根据停限电通知内容填写“停限电工作票”，交执行部门执行。

（3）对双电源用户及重要用户，停限电前对用户用电情况要认真了解，充分估计停限电对用户的影响，督促用户及时调整用电负荷，做好准备。停限电后，在确认用户已交清全部电费及电费违约金后，方可签发“送电工作票”，通知执行部门在24h（小时）内恢复对用户的正常供电。对个别特殊情况的用户，在用户交纳50%以上的欠费和电费违约金，并制订切实可行的还款计划后，可视具体情况，按照停限电的审批权限经领导批准后，暂时全部或部分恢复供电。

（三）供用电合同通知的送达

供用电合同规定发出的所有通知及同意，按下述规定予以具体确定：

（1）通过邮寄方式发送的，邮寄到相应地址之日为其有效送达之日。

（2）通过电子邮件形式发送的，由收件人收到之日为其有效送达之日。

（3）通过传真形式发送的，发出并收到发送成功确认函之日为其有效送达之日。

（4）如果按照上述原则确定的有效送达日在收件人所在地不属于工作日的，则当地收讫日后的第一个工作日为该通知或同意的有效送达日。

三、供用电合同的变更和解除

（一）供用电合同变更相关规定

（1）供用电合同到期或合同期限内，由于外界条件以及供用电情况发生较大变化，需要对原合同做多处重大修改时，经过双方协商一致，可以将原合同废止，重新签订新的供用电合同。

根据《供电营业规则》规定：供用电合同的变更或解除，必须依法进行。下列情形之一的，允许变更供用电合同：

1）当事人双方经过协商同意，并且不因此损害国家利益和扰乱供用电秩序。

2）由于供电能力的变化或国家对电力供应与使用管理的政策调整，使订立供用电合同时的依据被修改或取消。

3）当事人一方依照法律程序确定无法履行合同。

4）由于不可抗力或一方当事人虽无过失，但无法防止的以外因，致使合同无法履行。

(2)《供电营业规则》第22条规定：有下列情况之一者，视为变更用电。用户需变更用电时应事先提出申请，并携带有关证明文件，到供电企业用电营业场所办理手续，变更供用电合同：

1）减少合同约定的用电容量。

2）暂时停止全部或部分受点设备的用电。

3）临时更换大容量变压器。

4）迁移受电装置用电地址。

5）移动用电计量装置安装位置。

6）暂时停止用电并拆表。

7）改变用户的名称。

8）一户分列为两户及以上用户。

9）两户及以上用户合并一户。

10）合同到期终止用电。

11）改变供电电压等级。

12）改变用电类别。

（二）供用电合同解除相关规定

(1)《供电营业规则》第33条规定：用户连续6个月不用电的，也不申请办理暂停电手续的，供电企业须以销户终止其用电。用户需再用电时，应按新装用电办理。《供电营业规则》第36条规定：用户依法破产，供电企业应按下列规定办理：供电企业应予销户，终止供电。

(2)《供电营业规则》第94条第2、3、4款规定：有下列情形之一的，当事人可以解除合同：

1）因不可抗力致使不能实现合同目的。

2）在履行期限届满之前，当事人一方明确表示或以自己的行为表明不履行主要债务。

3）当事人一方迟延履行主要债务，经催告后在合理期限内仍未履行。

4）当事人一方迟延履行主要债务或有其他违约行为致使不能实现合同目的。

（3）根据《供用电规则》第 32 条规定：用户销户，须向供电企业提出申请，供电企业应按下列规定办理：

1）销户必须停止全部用电容量的使用。

2）用户已向供电企业结清电费。

3）查验用电计量装置完好性后，排除接户线和用电计量装置。

第四节 供用电合同的担保

一、供电合同担保方式

根据《中华人民共和国民法典》合同编保证合同的规定，设立担保物权，应当依照本法和其他法律的规定订立担保合同。担保合同包括抵押合同、质押合同和其他具有担保功能的合同。担保合同是主债权债务合同的从合同。主债权债务合同无效的，担保合同无效，但是法律另有规定的除外。担保物权的担保范围包括主债权及其利息、违约金、损害赔偿金、保管担保财产和实现担保物权的费用。当事人另有约定的，按照其约定。适合供用电合同履行担保方式有保证、抵押、质押、定金四种。

（1）定金是指依当事人约定或按照法律的规定，由一方向另一方预先给付一定数额的款项，并以该款项确保债权实现的担保方式。当给付定金一方不履行合同时，则丧失定金，当接受定金一方不履行合同时，应双倍返还定金。

（2）抵押是指债务人或第三人不转移财产的占有，将该财产作为债权担保，在债务人不履行债务时，债权人有权以该财产折价或以拍卖、变卖该财产的价款优先受偿的担保方式。

（3）质押是指为了担保债权的实现，债务人或第三人将其动产或权利移交债权人占有，当债务人不履行债务时，债权人就其占有的财产或权利享有优先受偿权的担保方式。对于以财产质押的方式作为所欠电费担保的，应当在签订质押合同的同时，移交质押物或质押财产的权利凭证。对于以股份、股票出质的，还应当到证券登记机构办理出质登记或将股份出质记载于股东名册。对于以依法可以转让的商标专用权、专利权、著作权中财产权进行质押的，还应到相应的知识产权管理部门办理出质登记。

（4）保证是指保证人和债权人约定，当债务人不履行债务时，保证人按约定履行债务或承担责任的行为。其中，保证人是指主合同当事人以外的第三人，债权人是指主合同债权人，债务人是指主合同债务人。

（5）预付电费担保。为了解决电费回收工作中遇到的收费难问题，采取预付费方式向用电方收取电费，可以达到遏制欠费势头，缓解或彻底解决由于欠费停电造成的纠纷。如用户发生拖欠电费等事宜，应在补缴电费、恢复供电前，向供电企业提供适当担保。不提供担保或采取其他有效措施的，暂时不予恢复供电。预防电费风险的担保可包括保证、抵押、质押、定期存单质押、保证金、债务承担等方式。

（6）实物折抵电费。有些非本地用户一旦拖欠电费后，可能会销声匿迹，甚至永远不再回来，任凭资产闲置、毁损以致灭失。因此，可在供用电合同约定，如果用户发生欠费达到一年且又联系不上的，供电企业可依照约定对用户专用变压器等财产进行变卖，折抵欠费。

（7）不安抗辩权行使。《中华人民共和国合同法》第 68 条的规定："应当先履行债务的当事人，有确切证据证明对方有下列情形之一的，可以中止履行：经营状况严重恶化；转移财产，抽逃资金，以逃避债务；丧失商业信誉；有丧失或可能丧失履行债务能力的其他情形。"不安抗辩权在催费停电的运用。在履行供用电合同过程中，供电企业如发现自身合法收取电费的权利有落空之危险时，应及时行使不安抗辩权，以避免损失的进一步扩大。

（8）代位权的行使。当债务人怠于行使权利影响了债权人的债权的实现，债权人为了保全自己的债权，以自己的名义向次债务人行使债务人现有债权的权利。这是解决电费回收工作中遇到三角债问题的一剂良药。代位权的发生条件。只能向次债务人所在地人民法院起诉，而不能直接向第三人行使。

（9）抵消权的行使。当供电企业对用户负有到期债务的，如果用户不按时交纳电费，而两种债的标的物种类、品质相同的，供电企业可不与用户协商而直接通知用户抵消相当的债务。当供电企业对用户所负债务的标的物种类、品质与电费欠债不同时，经双方协商一致，也可抵消。如“煤电互抵”“物电互抵”等。

二、电费担保协议

近年来随着国家经济的持续发展，电力需求空前高涨，但又有部分企业存在不景气、效益差、经营运转困难、面临破产等诸多的风险，给供电企业的电费回收带来一定的压力和难度。为降低经营风险，确保电费回收率，推行电费担保，与用户签订担保协议，强化电费风险法律防范，保证电费足额收取，破解电费回收难题。

签订《电费担保协议》时，可单独与用户签订电费担保协议或作为供用电合同的附件，与用户签订供用电合同时一并签订。《电费担保协议》签订后，应当到用电设施所在地办理抵押登记。

（1）依据《中华人民共和国民法典》相关规定，以抵押人依法有权处分的土地上定着物的土地使用权抵押的，应当到核发土地使用权证书的土地管理部门办理抵押登记。

（2）以抵押人所有的城市房地产或乡（镇）、村企业的厂房等建筑物抵押的，应当到县级以上人民政府规定的部门（房产和国土管理部门）办理抵押登记。

（3）以抵押人所有的林木抵押的，应当到县级以上林木主管部门办理抵押登记。

（4）以抵押人所有的航空器、船舶、车辆抵押的，应当到该运输工具的登记部门办理抵押登记。

（5）以企业所有设备或其他动产抵押的，应当到财产所在地的工商行政管理部门抵押登记。

（6）以依法可以抵押的其他财产进行抵押，应当到抵押人所在地的公证部门办理抵押登记。

（7）在办理上述抵押物登记时，应当向登记部门提供主合同和抵押合同、抵押物的所有权或使用权证书的文件复印件。

用户办理电费担保手续完成后，应将用户的担保资料录入，所有担保资料（包括联系函）原件凭证均应存档，妥善保存。

第五节　供用电合同违约责任的追究

一、供用电合同违约形式

供用电合同违约形式主要有以下几种：

（1）不履行供用电合同，即供用电合同当事人一方根本不履行已签订的供用电合同。

不履行供用电合同有两种情况：①当事人实际上能够履行已签订的供用电合同故意不履行；②当事人履行不能，即当事人已经不可能实际履行供用电合同。

（2）不适当履行供用电合同，又称不完全履行供用电合同，即供用电合同的当事人虽然有履行供用电合同的行为，但没有按照供用电合同规定的每一项内容或条款履行。其表现可能是供用电方式、供电质量、供电时间、用电容量、用电地址、用电性质、计量方式、电价类别、电费及其结算方式、供电设施维护责任的划分等不符合要求。

（3）延迟履行供用电合同是指供用电合同义务人到期能够履行合同规定的义

务而没有履行。延迟履行与不履行不同，如果到期不能够履行，属于不能履行，而不是延迟履行。

延迟履行供用电合同有以下几种情况：①义务人过错到期没有履行，譬如用电人记错交费日期、供电人延迟了供电等；②权利人延迟接受履行，供用电是同时进行的一种活动，因此供用电合同的履行必须是义务人履行、权利人接受同时进行，如果义务人履行合同，权利人不接受履行，这也是违约的一种表现形式。譬如供电方按合同约定，按时将供用电设施安装完毕，并按照约定时间供电，而用电权利人却以产品无销路暂不能用电为由不履行用电权利，不接受供电义务人的履行。

二、供用电合同违约责任的承担

电力法律、法规和规章对供用电合同违约责任形式的具体规定，归纳起来有以下几方面：

1. 电力运行事故责任的规定

（1）由于供电方电力运行事故造成用户停电的，供电方应按用户在停电时间内可能用电量的电度电费的 5 倍给予赔偿，用户在停电时间内可能用电量，按停电前用户正常用电月份或正常用电一定天数内的每小时平均电量乘以停电小时求得。

（2）由于用户的责任造成供电方对外停电，用户应按供电方对外停电时间少供电量乘以上月份供电方平均售电单价给予赔偿。

（3）对停电责任的分析和停电时间及少供电量的计算，均按供电方的事故记录及《电业生产事故调查规程》办理。停电时间不足 1h（小时按）1h 计算，超过 1h 按实际时间计算，电度电费按国家规定的目录电价计算。

2. 电压质量责任的规定

（1）用户用电功率因数达到规定标准，而供电电压超过《供电营业规则》规定变动幅度，给用户造成损失，供电方应按用户每月在电压不合格的累计时间内所用的电量，乘以当月用电的平均电价的20%给予赔偿。

(2) 用户用电的功率因数未达到规定的标准或其他用户原因引起的电压质量不合格的，供电方不负责赔偿。

(3) 电压变动超过允许变动幅度的时间，以用户自备并经供电方认可的电压自动记录仪表的记录为准，如用户未装此项仪表，则以供电方的电压记录为准。

3. 供电频率质量责任的规定

(1) 供电频率超出允许偏差，给用户造成损失的，供电方应按用户每月在频率不合格的累计时间内所用的电量，乘以当月用电平均电价的20%给予赔偿。

(2) 频率变动超出允许偏差的时间，以用户自备并经供电方认可的频率自动记录仪表的记录为准，如用户未装此项仪表，则以供电方的频率记录为准。

4. 电费滞纳责任的规定

(1) 用户在供用电合同约定的期限内未交清电费时，应承担电费滞纳的违约责任。电费违约金从逾期之日起计算至交纳日止。每日电费违约金按下列规定计算：

(2) 居民用户每日按欠费总额的千分之一计算。

(3) 其他用户。当年欠费部分，每日按欠费总额的千分之二计算；跨年度欠费部分，每日按欠费总额千分之三计算。

(4) 电费违约金收取总额按日累加计收，总额不足1元按1元收取。

5. 价格制裁的规定

用户逾期支付电费的，遇电价上涨时，按新电价执行；电价下降时，按原电价执行。

6. 家电损坏赔偿责任的规定

因电力运行事故引起城乡居民家用电器损坏的，供电方按《居民家用电器损坏处理办法》进行处理。

7. 危害供用电安全、扰乱供用电秩序责任的规定

（1）在电价低的供电线路上，擅自接用电价高的用电设备或私自改变用电类别的，应按实际使用日期补交其差额的电费，并承担 2 倍差额电费的违约使用电费。使用起止日期难以确定的，实际使用时间按 3 个月计算。

（2）私自超过合同约定用电容量的，除应拆除私增容设备外，属于两部制电价的用户，用户补交私自增容设备容量使用月份的基本电费，并承担 3 倍私自增容容量基本电费的违约使用电费；其他用户应承担私自增容容量每千瓦 50 元的违约使用电费。如用户要求继续使用者，按新装增容办理手续。

（3）擅自超过计划分配用电指标的，应承担高峰超用电力每次每千瓦 1 元和超用电量与现行电价电费 5 倍的违约使用电费。

（4）擅自使用已在供电方办理暂停手续的电力设备或启用供电企业封存电力设备的，应停用违约使用的设备。属于两部制电价的用户，应补交擅自使用或启用封存设备容量和使用月数的基本电费，并承担 2 倍补交基本电费的违约使用电费；其他用户应承担擅自使用或启用封存设备容量每次每千瓦 30 元的违约使用电费。启用属于私自增容被封存设备的，违约使用者还应承担私自超合同约定容量用电的违约责任。

（5）私自迁移、更动和擅自操作供电企业的用电计量装置 、电力负荷装置、供电设施以及约定由供电方调度的用户受电设备者，属于居民用户的，应承担每次 500 元的违约使用电费；属于其他用户的，应承担每次 5000 元的违约使用电费。

（6）未经供电方同意，擅自引入（供出）电源或将备用电源和其他电源私自并网的，除当即拆除接线外，应承担其引入（供出）或并网电源容量每千瓦 500 元的违约使用电费。

8. 电力运行事故造成人身伤亡的赔偿

（1）因高压电造成人身损害的案件，由电力设施产权人依照民法通则（民法典）第 123 条的规定承担民事责任。但对因高压电引起的人身损害是由多个原因

造成的，按致害人的行为与损害结果之间的原因力确定各自的责任。致害人的行为是损害后果发生的主要原因，应当承担主要责任，致害人的行为是损害后果发生的非主要原因，则承担相应的责任。

（2）受害人遭受人身损害，因就医治疗支出的各项费用以及因误工减少收入，包括医疗费、误工费、护理费、交通费、住宿费、住院伙食补助费、必要的营养费，赔偿义务人应当予以赔偿。

（3）受害人因伤致残的，其因增加生活上需要所支出的必要费用以及因丧失劳动能力导致的收入损失，包括残疾赔偿金、残疾辅助器具费、被扶养人生活费，以及因康复护理、继续治疗实际发生且必要的康复费、护理费、后续治疗费，赔偿义务人也应当予以赔偿。

（4）受害人或死者近亲属遭受精神损害，赔偿权利人向人民法院请求赔偿精神损害抚慰金的，适用《最高人民法院关于确定民事侵权精神损害赔偿责任若干问题的解释》予以确定。精神损害抚慰金的请求权，不得让与或继承。但赔偿义务人已经以书面方式承诺给予金钱赔偿，或者赔偿权利人已经向人民法院起诉的除外。

（5）医疗费根据医疗机构出具的医药费、住院费等收款凭证，结合病历和诊断证明等相关证据确定。赔偿义务人对治疗的必要性和合理性有异议的，应当承担相应的举证责任。

医疗费的赔偿数额，按照一审法庭辩论终结前实际发生的数额确定。器官功能恢复训练所必要的康复费、适当的整容费以及其他后续治疗费，赔偿权利人可以待实际发生后另行起诉。但根据医疗证明或鉴定结论确定必然发生的费用，可与已经发生的医疗费一并予以赔偿。

（6）误工费根据受害人的误工时间和收入状况确定。误工时间根据受害人接受治疗的医疗机构出具的证明确定。受害人因伤致残持续误工的，误工时间可计算至定残日前一天。受害人有固定收入的，误工费按照实际减少的收入计算。受害人无固定收入的，按照其最近三年的平均收入计算；受害人不能举证证明其最近三年的平均收入状况的，可参照受诉法院所在地相同或相近行业上一年度职工的平均工资计算。

（7）护理费根据护理人员的收入状况和护理人数、护理期限确定。护理人员有收入的，参照误工费的规定计算；护理人员没有收入或雇佣护工的，参照当地护工从事同等级别护理的劳务报酬标准计算。护理人员原则上为一人，但医疗机构或鉴定机构有明确意见的，可参照确定护理人员人数。

护理期限应计算至受害人恢复生活自理的能力时止。受害人因残疾不能恢复生活自理能力的，可根据其年龄、健康状况等因素确定合理的护理期限，但最长不超过二十年。

受害人定残后的护理，应根据其护理依赖程度，并结合配制残疾辅助器具的情况，确定护理级别。

（8）交通费根据受害人及其必要的陪护人员因就医或转院治疗实际发生的费用计算。交通费应当以正式票据为凭；有关凭据应与就医地点、时间、人数、次数相符合。

（9）住院伙食补助费可参照当地国家机关一般工作人员的出差伙食补助标准予以确定。

受害人确有必要到外地治疗，因客观原因不能住院，受害人本人及其陪护人员实际发生的住宿费和伙食费，其合理的部分应予赔偿。营养费根据受害人伤残情况参照医疗机构的意见确定。

（10）残疾赔偿金根据受害人丧失劳动能力程度或伤残等级，按受诉法院所在地上一年度城镇居民人均可支配收入或农村居民人均纯收入标准，自定残之日起按二十年计算。但六十周岁以上的，年龄每增加一岁减少一年；七十五周岁以上的，按五年计算。

受害人因伤致残但实际收入没有减少，或伤残等级较轻但造成职业妨害严重影响其劳动就业的，可以对残疾赔偿金做相应调整。

三、供用电合同违约责任的免除

1. 有如下情形之一的， 供电人不承担违约责任

（1）符合连续供电的除外情形且供电人履行了必经程序。

（2）电力运行事故引起开关跳闸，经自动重合闸装置重合成功。

（3）多电源供电只停其中一路，其他电源仍可满足用电人用电需要的。

（4）用电人未按合同约定安装自备应急电源或采取非电保安措施，或对自备应急电源和非电保安措施维护管理不当，导致损失扩大部分。

（5）因用电人或第三人的过错行为所导致。

2. 不可抗力的免责情形

因不可抗力不能履行合同或造成他人损害的，不承担民事责任，法律另有规定的除外。不可抗力是指不能预见、不能避免并且不能克服的客观情况。不可抗力独立于人的行为之外、不受当事人的意志所支配。不可抗力包括某些自然现象（如地震、台风、洪水）和某些社会现象（如战争）。

虽然不可抗力是合同的免责事由，但在不可抗力发生以后，当事人仍应以诚实善意的态度去努力克服，以最大限度地减少因不可抗力所造成的损失。这是合同诚实信用原则的要求。因此，因自然灾害等原因断电后，供电人应按照国家有关规定及时抢修，尽早恢复供电，减少用电人因断电所造成的损失。如果供电人没有及时抢修，给用电人造成损失，供电人应就没有及时抢修而给用电人造成的损失部分承担赔偿责任。

第八章

变更用电管理

变更用电管理是供电企业经营管理中的重要工作，是营销服务工作中的常态内容之一，这项工作政策性强、事项多、内容广，与千家万户有着千丝万缕的联系，其工作优质的好坏，直接关系到用户“获得电力”优质服务水平的满意度，在当前深化“放管服”改革和优化营商环境部署中，做好电力先行官，持续提升用户办电的便利性、满意度和获得感势在必行。本章就变更用电定义和办电要求注意事项及无表用电等进行介绍。

第一节　变更用电定义及分类

一、变更用电定义

变更用电指用户在不增加用电容量和供电回路的情况下，由其自身经营、生产、建设、生活等变化而向供电企业申请，要求改变原《供用电合同》中约定的用电主体、用电地址、用电容量、用电类别等用电事宜的相关变更用电业务。根据用户用电需求及《供电营业规则》及国家电网有限公司业扩报装管理规则和营销业务管理规则相关内容，变更用电分为减容、减容恢复、暂停、暂停恢复、迁址、移表、暂停及复装、分户、并户、改压、改类等共计 23 项变更用电业务。业务变更完毕后首次电费发行作为变更用电终结的重要标志，其中暂停、暂停恢复、改类、低压移表 4 项业务不再重新签订合同，须将变更的书面申请及相关批复文件作为供用电合同的补充；暂停、暂停恢复、过户、改类、无表正式用电变更 5 项业务不需重新维护 GIS 信息。变更用电业务归档后，电力用户管理单位应在一个月内开展一次现场用电检查。涉及量价费变更的业务，即暂停、暂停恢复、减容、过户、分户、并户、改压、改类、销户、无表正式用电变更纳入当年稽查工作范围。

二、变更用电分类

（一）分类及定义

（1）减容。减容是指电力用户申请减少或拆除受电变压器（含不通过变压器接用的高压电动机）容量的业务。

（2）减容恢复。减容有效期内提出恢复原容量用电的变更用电业务称减容恢复（含不通过变压器接用的高压电动机）。

（3）暂停。暂停是指电力用户申请一段时间内停止全部或部分变压器（含不通过变压器接用的高压电动机）用电的业务。

（4）暂停恢复。暂停恢复是指电力用户申请启用已暂停变压器（含不通过变压器接用的高压电动机）的业务。

（5）暂换。因受电变压器故障或损坏无同容量变压器替代，需要临时更换大容量变压器。

（6）暂换恢复。故障或损坏变压器修复，需要恢复原有变压器容量的变更用电业务。

（7）迁址。用户申请改变用电地址，将原用电设备迁移至新的用电地址的变更用电业务（本业务适用于用户供电点、容量、用电类别均不变的前提下迁移受电装置用电地址，原址按销户的流程进行销户处理，新址按新装流程进行新装业务处理，如变更供电点或台区按照新装办理）。

（8）移表。移动用电计量装置安装位置（用户在原用电地址内因修缮房屋、变配电室改造或其他原因需要移动用电计量装置的变更用电业务称移表）。

（9）暂拆（复装）。暂时停止用电并拆表（低压供电用户因修缮房屋、变配电室改造等原因需暂时停止用电并拆表及后期恢复装表用电的变更用电业务称暂拆恢复)。

(10) 更名。用户在原用电地址、用电容量、用电类别不变条件下且同时满足产权关系不变、法人代表不变、不需要电费结算三项条件时，用户只要求改变用户名称的变更业务。

(11) 过户。用户在原用电地址、用电容量、用电类别不变的条件下，由于用户产权关系的变更，申请办理用电户名变更的变更用电业务。

(12) 更改缴费方式。电力用户要求变更交费方式的变更用电业务称更改交费方式。

(13) 分户。用户因生产经营方式改变或其他原因，由一个电力用户分成两个或多个电力用户变更用电业务。

(14) 并户。用户生产经营方式发生改变或其他原因，需将多个用户合并为一个电力用户的变更用电业务。

(15) 销户（批量销户）。因用户《供用电合同》到期终止用电，或因故提前终止供用电关系的变更用电业务（批量销户指同一台区两户及以上用户同时申请终止供电业务，如拆迁或自然灾害等）。

(16) 改压。用户申请办理改变原有供电电压等级的变更用电业务。

(17) 改类：改类是指电力用户用电性质发生变化，申请变更用电类别的业务（电价变更、基本电费计算方式变更、需量调整、居民峰谷变更）。

(18) 集团户绑定。同一产权主体的多个独立营销档案用户，为方便集中办理电费业务，而使多个独立营销档案之间产生关联关系的绑定业务。

(19) 集团户变更。同一产权主体的多个营销档案，通过主用户编号相互关联的批量用户，统一办理证件信息、账户信息（缴费号、主用户编号）、账号信息（银行名称、账户名称、银行账号等）变更、增值税信息更改、集团户子户解绑的业务。

(20) 智能缴费用户签约。对用电信息采集已覆盖且支持远程控制模块的电力用户，依据有关规定申请用户费控策略、远程无卡购电策略调整，审批通过后签订供用电变更合同（或者相关协议），最后归档完成整个用户费控策略、远程无卡购电策略调整的全过程称智能缴费用户签约。

（21）档案维护。供电企业内部发起的（包括用电检查和稽查业务）更正非计费参数的信息变更业务。

（22）串户订正。因现场两户表计装反需要在系统中变更双方户号的业务。

（23）追退电量。因电量错误需要追退电量的业务。

（二）业务简化分类

1. 在线办电，简单业务“一次都不跑”

主要包括改类（基本电价计费方式变更、调整需量值）、过户、更名、暂停、暂停（恢复）、销户（批量销户）、暂换、暂换恢复、变更缴费方式、智能缴费用户签约、集团户绑定、集团户变更、档案维护、串户订正、追退电量共15类。

2. 简化办电，复杂业务“最多跑一次”

主要包括减容、减容恢复、迁址、移表、暂拆（复装）、分户、并户、改压、共7类。

第二节 业务变更相关要求

一、减容业务

（1）减容一般只适用于高压供电用户。

（2）用户申请减容，应提前5个工作日办理相关手续。

（3）用户提出减少用电容量的期限最短不得少于6个月，但同一日历年内暂停满六个月申请办理减容的用户减容期限不受时间限制。

（4）减容必须是整台或整组变压器的停止或更换小容量变压器用电，根据用户提出的减容日期，将对申请减容的设备进行拆除（或调换）。从拆除（或调换）

之日起，减容部分免收基本电费。其减容后的容量达不到实施两部制电价规定容量标准的，应改为相应用电类别单一制电价计费，并执行相应的分类电价标准。

（5）减容后执行最大需量计费方式的，合同最大需量按减容后总容量申报，申请减容周期应以抄表结算周期或日历月为基本单位，起止时间应与抄表结算起止时间一致或为整日历月。合同最大需量核定值在下一个抄表结算周期或日历月生效。

（6）减容分为永久性减容和非永久性减容。非永久性减容在减容期限内供电企业保留用户减少容量的使用权。减容两年内恢复的，按减容恢复办理；超过两年的，按新装或增容手续办理。

（7）用户同一自然人或同一法人主体的其他用电地址不应存在欠费，如有欠费则给予提示。

（8）减容完成后，应按规定合理配置计量装置和继电保护装置，“减容申请”的合同变更，参见《国家电网公司供用电合同管理细则》的有关规定。非永久性减容可不重签供电用合同，以申请单作为原合同附件确认变更事项。

二、减容恢复业务

（1）用户申请减容恢复，应在5个工作日前提出申请。

（2）用户提出恢复用电容量的时间是否超过两年，超过两年应按新装或增容办理。

（3）用户同一自然人或同一法人主体的其他用电地址是否存在欠费，如有欠费则应给予提示。

（4）“减容恢复”申请单作为原合同附件确认变更事项。如重签供用电合同则文本内容经双方协商一致后确定，由双方法定代表人、企业负责人或授权委托人签订，合同文本应加盖双方的“供用电合同专用章”或公章后生效。可探索利用密码认证、智能卡、手机令牌等先进技术，开展供用电合同网上签约。

三、暂停业务

（1）用户申请暂停须在5个工作日前提出申请。

（2）暂停用电必须是整台或整组变压器停止。

（3）申请暂停用电，每次应不少于十五天，每一日历年内暂停时间累计不超过六个月，次数不受限制。暂停时间少于十五天的，则暂停期间基本电费照收。

（4）当年内暂停累计期满六个月后，如需继续停用的，可申请减容，减容期限不受限制。

（5）自设备加封之日起，暂停部分免收基本电费。如暂停后容量达不到实施两部制电价规定容量标准的，应改为相应用电类别单一制电价计费，并执行相应的电价标准。

（6）减容期满后的用户以及新装、增容用户，二年内申办暂停的，不再收取暂停部分容量百分之五十的基本电费。

（7）选择最大需量计费方式的用户暂停后，合同最大需量核定值按暂停后总容量申报。申请暂停周期应以抄表结算周期或日历月为基本单位，起止时间应与抄表结算起止时间或整日历月一致。合同最大需量核定值在下一个抄表结算周期或日历月生效。

（8）暂停期满或每一日历年内累计暂停用电时间超过六个月的用户，不论是否申请恢复用电，供电企业须从期满之日起，恢复其原电价计费方式，并按合同约定的容量计收基本电费。

（9）用户同一自然人或同一法人主体的其他用电地址的电费交费情况正常，如有欠费则应给予提示。

四、暂停恢复业务

（1）用户申请暂停恢复前须在恢复日前 5 个工作日提出申请。

（2）用户的实际暂停时间少于 15 天者，暂停期间基本电费照收。

（3）暂停恢复后容量再次达到实施两部制电价规定容量标准的，应将暂停时执行的单一制电价计费，恢复为原两部制电价计费。

（4）用电用户办理暂停恢复时，应提示电力用户对长时间停用设备做好送电前准备工作（《架空配电线路及设备运行规程》规定：变压器停运满一个月者，在恢复送电前应测量绝缘电阻，合格后方可投入运行；搁置或停运六个月以上的变压器，投运前应做绝缘电阻和绝缘油耐压试验；干燥、寒冷地区的排灌专用变压器，停运期可适当延长，但不宜超过八个月）。

（5）用户同一自然人或同一法人主体的其他用电地址的电费交费情况正常，如有欠费则应给予提示。

五、暂换业务

（1）用户暂换应提前 5 个工作日申请。

（2）必须在原受电地点内整台暂换受电变压器。

（3）暂换变压器使用期间，10kV 及以下不得超过 2 个月，35kV 及以上不得超过 3 个月，逾期不办理手续可中止供电。

（4）暂换变压器经验收合格后才能投入运行。

（5）对两部制电价用户在暂换之日起，按暂换后的变压器容量计算基本电费。

六、迁址业务

（1）用户迁址应提前 5 个工作日申请。

（2）原址按销户的流程进行销户处理，新址按新装流程进行新装业务处理。

（3）自迁新址不论是否引起供电点变动，一律按照新装用电办理。

（4）新址用电容量超过原址用电容量，超过部分按照增容办理。

（5）迁址所需的费用由用户负担。

（6）用户不论何种原因，不得自行迁址，否则按照违约处理。

七、移表业务

（1）用户移表应提前 5 个工作日申请。

（2）在用电地址、用电容量、用电类别、供电点等不变，仅电能计量装置安装位置变化的情况下，可办理移表手续。

（3）移表所需的费用由用户负担。

（4）用户不论何种原因，不得自行移动表位，否则按照违约处理。

八、暂拆及复装业务

（1）暂拆和复装适用于低压供电用户。

（2）用户办理暂拆手续后，供电企业应在五个工作日内执行暂拆；暂拆原因消除，用户办理复装手续后，供电企业应在五个工作日内复装接电。用户申请暂拆时间最长不得超过六个月，超过暂拆规定时间要求复装接电者，按新装手续办理。

（3）用户同一自然人或同一法人主体的其他用电地址的电费交费情况正常，如有欠费则应给予提示。

九、更名业务

（1）在用电地址、用电容量、用电类别不变条件下，可办理更名。

（2）更名一般只针对同一法人及自然人的名称变更。

（3）变更供用电合同。

十、过户业务

（1）在用电地址、用电容量、用电类别不变条件下，可办理过户。

（2）原用户应与供电企业结清债务。

（3）居民用户如为预付费控用户，应与用户协商处理预付费余额。

（4）涉及电价优惠的用户，过户后需重新认定。

（5）原用户为增值税用户的，过户时必须办理增值税信息变更业务。

（6）用户同一自然人或同一法人主体的其他用电地址的电费交费情况正常，如有欠费则应给予提示。

（7）集团户用户和国库支付用户过户时，必须先解除关系。

（8）对于低压居民用户，可采取背书方式签订供用电合同。具备条件的，可通过手机 App、移动作业终端告知确认、电子签名等方式签订电子合同。对于低压非居民用户、高压用户，按照《国家电网公司供用电合同管理细则》的要求重新签订供用电合同。

十一、分户

（1）不允许在用电用户受电装置不具备分装条件时办理分户。

（2）业务受理前，原用电用户须与供电企业结清欠费。

十二、并户

（1）不允许不在同一受电点或不在相邻用电地址的两个及以上电力用户办理并户。

（2）业务受理前，原电力用户须与供电企业结清欠费。

十三、销户业务

1. 低压销户

（1）询问用户申请意图，向用户提供用电业务办理告知书。

（2）接收并审核用户申请资料，已有用户资料或资质证件尚在有效期内，则无需用户再次提供；对资料不齐全的，应通过缺件通知书形式告知用户具体缺件内容。

（3）核查用户同一自然人或同一法人主体的其他用电地址的电费交费情况，如有欠费则给予提示，结清欠费（包括电费追收或电费退费）后，方可终止供用电合同，解除供用电关系。

（4）现场勘查具备销户条件的，用电检查人员应对用户进线开关做封停处理，并通过系统协同或工作联系单等方式，通知协同部门人员办理分界点设备停电工作；无表正式电力用户销户的，同一合同内约定的所有用电设备须全部停止供电。

（5）原电力用户依法破产导致的销户业务，供电企业应予销户，终止供电并保留电费追收权利。在破产电力用户原址上用电的，按新装用电办理；从破产电力用户分离出去的新用户，必须在偿清原破产用户电费和其他债务后，方可办理变更用电手续。

2. 高压销户

(1) 询问用户申请意图，向用户提供用电业务办理告知书。

(2) 接收并审核用户申请资料，已有用户资料或资质证件尚在有效期内，则无需用户再次提供；对资料不齐全的，应通过缺件通知书形式告知用户具体缺件内容。

(3) 核查用户同一自然人或同一法人主体的其他用电地址的电费交费情况，如有欠费则给予提示，结清欠费（包括电费追收或电费退费）后，方可终止供用电合同，解除供用电关系。

(4) 现场勘查具备销户条件的，用电检查人员应对用户进线开关进行封停处理，并通过系统协同或工作联系单等方式，通知协同部门人员办理分界点设备停电工作；无表正式电力用户销户的，同一合同内约定的所有用电设备须全部停止供电。

(5) 原电力用户依法破产导致的销户业务，供电企业应予销户，终止供电并保留电费追收权利。在破产电力用户原址上用电的，按新装用电办理；从破产电力用户分离出去的新用户，必须在偿清原破产用户电费和其他债务后，方可办理变更用电手续。电力用户销户后需追缴电费的，通过电费退补流程处理。电力用户销户后需追缴电费的，通过电费退补流程处理。

十四、批量销户业务

(1) 批量销户用户必须停止全部用电容量的使用。第三条　批量销户用户应先进行电费清算、结清欠费（包括电费追收或电费退费）后，方可终止供用电合同，解除供用电关系。

(2) 供用电合同终止后，供用电双方应相互配合解除双方设施物理连接，并与电网保持明显断开点。

（3）用户销户后需追缴电费的，通过电费退补流程处理。

十五、改压业务

（1）用户用电地址、供电电源数、受电设备容量不变的情况下，供电电源电压发生变更的实名用户。

（2）用户改压超过原容量或低于原容量者，按增容或减容手续办理。

（3）改压引起的工程费用由用户负担。

（4）因供电企业引起的用户供电电压等级变化，改压引启用户外部工程费用，由供电企业负责。

（5）变更完成后，应重新签订供用电合同，并按相应电压等级电价执行。

十六、改类业务

1. 基本电价计算方式

（1）基本电价计费方式变更只适用执行两部制电价的用户［具备条件的地区，允许315kVA及以上一般工商业单一制电价用户选择两部制，参照执行大工业电价政策（国家电网财〔2018〕362号）］。

（2）基本电价计费方式变更周期为按季度变更。用户可提前15个工作日向电网企业申请变更下一周期的基本电价计费方式。

（3）用户同一自然人或同一法人主体的其他用电地址的电费交费情况正常，如有欠费则应给予提示。

2. 需量计算方式

（1）用户可提前5个工作日申请变更下一个月（抄表周期）的合同最大需量核定值。

（2）用户同一自然人或同一法人主体的其他用电地址的电费交费情况正常，如有欠费给予提示。

（3）申请值最大需量核定低于变压器容量和高压电动机容量总和的40%时，

按容量总和的 40%核定合同最大需量；用户实际最大需量超过合同确定值 105%时，超过 105%部分的基本电费加两倍收取；未超过合同确定值 105%的，按合同确定值收取；对按最大需量计费的两路及以上进线用户，各路进线分别计算最大需量，累加计收基本电费。

（4）私自超过合同约定容量用电的，或擅自使用已在供电企业办理暂停手续的电力设备或启用供电企业封存的电力设备的，按照违约用电处理。

3. 居民峰谷计算方式

（1）受理时应特别注意只适用于执行低压居民电价且为“一户一表”电价的用户。

（2）指用户在同一受电装置内，电力用途发生变化而引起用电电价类别的增加、改变或减少的变更业务。

（3）也适用于供电企业查处用户违约用电，由供电企业主动发起的电价类别变更业务。

（4）用户同一自然人或同一法人主体的其他用电地址的电费交费情况正常，如有欠费给予提示。

（5）擅自改变用电类别，按照违约用电处理。

第三节 无表用电业务

一、无表正式用电业务

（一）定义

指用电地址分散、用电容量小，用电时间在 1 个月以上且现场不适宜装表计量的低压用电业务（如广播电视、通信等行业放大器，公安监控探头、交通信号灯等）。

（二）相关要求

（1）无表正式用电用户实现购电制，每月月末前完成下月电费缴纳。

（2）同一台区内同一用电主体仅限建立一个用电账户，同一用电主体跨台区用电的，应分台区建立用电账户。

（3）正式接电前，无表用电用户应与供电企业签订供用电合同，建立供用电关系。

（4）用户管理单位不定期开展用电检查工作，一个季度不少于一次；如发现现场实际用电与约定不符，按违约用电处理。

（5）本业务受理方式仅限营业厅窗口。

二、无表临时用电业务

（一）定义

指用电时间在1个月以内、用电地址不固定、现场不适宜按照计量装置的非永久性用电业务（签订临时供用电合同）。

（二）相关要求

（1）本业务适用于市政建设、抢险救灾等临时、非永久性低压用电。

（2）无表临时用电期限不得超过一个月（原是6个月）。

（3）无表用电用户应与供电企业签订临时供用电合同，合同有效期一般不得超过一个月。

（4）接电前，电力用户应根据合同约定用电设备容量、使用时间、规定的电价向供电企业缴纳全部电费。

（5）同一台区内同一用电主体仅限建立一个用电账户，同一用电主体跨台区用电的，应分台区建立用电账户。

（6）无表临时电力用户电费到账后按照签订的临时供用电合同完成电费发行。

（7）用户用电期间，管理单位应开展不少于一次的现场用电检查；如发现现场实际用电与约定不符，按违约用电处理。

（8）本业务受理方式仅限营业厅窗口。

三、无表正式用电业务变更

（一）定义

无表正式用电变更是指已办理无表正式用电的用户申请重新约定用电事宜的业务。

（二）相关要求

（1）本业务适用于无表正式电力用户申请增加、减少用电容量，终止用电业务，重新约定其他事宜。

（2）无表正式用电的用户应提前三个工作日向供电企业提出变更申请。

（3）无表正式用电的用户申请变更用电的，用户管理单位应现场予以核实。

（4）本业务受理方式仅限营业厅窗口。

四、无表临时用电延期

（一）定义

无表临时用电延期是指已办理无表临时用电的用户申请继续用电的业务。

（二）相关要求

（1）无表临时用电延期业务仅限办理延期一次，延期用电时间不得超过一个月。

（2）办理延期后，电力用户应与供电企业续签临时供用电合同，电力用户应根据续签合同约定用电设备容量、使用时间、规定的电价向供电企业缴纳全部电费。

（3）无表临时用电到期后，逾期不办理延期手续的，供电企业应终止供电。

（4）无表临时用电的用户申请延期的，用户管理单位应现场予以核实。

（5）本业务受理方式仅限营业厅窗口。

五、无表临时用电终止

（一）定义

无表临时用电终止是指已办理无表临时用电的用户申请停止用电的业务。

（二）相关要求

（1）无表临时用电业务到期时，用户应提前三天向供电企业提出终止用电申请。

（2）无表临时用电业务终止时，如实际使用时间不足约定期限二分之一的，可退还电费的二分之一；超过约定期限二分之一的，电费不退（依据《供电营业规则》第六章第 87 条）。

（3）本业务受理方式仅限营业厅窗口。

六、其他注意事项

（1）临时用电期限除经供电企业准许外，一般不得超过 1 个月，逾期不办理延期或永久性正式用电手续的，供电企业应终止供电。使用临时电源的用户不得向外转供电，也不得转让给其他用户，供电企业也不受理其变更用电事宜，办电全过程时长纳入营销稽查和日常管控中。如需改为正式用电，应按新装用电办理。因抢险救灾需要紧急用电时，供电企业应迅速组织力量，架设临时电源供电。架设临时电源所需的工程费用和应付的电费，由地方人民政府有关部门负责从救灾经费中拨付。

（2）自 2017 年 12 月 1 日起，对新申请临时用电的用户，不再收取临时接电费（发改办价格〔2017〕1895 号和国家电网财〔2017〕1069 号）。

（3）临时接电费用＝临时接电容量总和（千伏安）×收费标准（元/千伏安）。

（4）加强防范临时用电电费回收风险。

附录A　重要电力用户用电检查工作单

重要电力用户用电检查工作单

编号：

用户编号		用户名称	
用电地址			
重要性等级		工作批准人	

安全检查项目及检查情况	
检查项目	检查情况描述
一、电工资质	
1. 是否持有特种作业操作证，证件是否过期	
2. 电工人数是否按规定配置	
二、供电电源配置是否满足重要性等级配置要求	
1. 低压出线配置是否合理，重要负荷和一般符合是否分离，一般负荷出现故障是否会影响重要负荷的正常运转	
2. 变压器运行是否满足 $N-1$ 要求	
三、自备保安电源的配置和维护情况	
1. 自备保安电源的类型、容量配置、接入方式、闭锁方式、运行状态是否符合行业标准；备用（应急）电源接入方式是否发生改变	
2. 自备保安电源是否能在供电电源停电情况下保证重要负荷正常运转	
3. 是否有自备应急电源定期启动记录	
4. 应急发电车接入方案是否完善	
5.《用户自备电源安全使用协议》是否签订	
6. 储油设施放置是否符合相关要求	
7. 发电机是否有独立可靠的接地	
8. 不间断电源装置（UPS）、应急电源装置（EPS）状态是否良好	
四、工器具及备品备件	
1. 安全工器具是否有台账并定置摆放	
2. 安全工器具是否定期试验并合格	
3. 是否有备品备件清单，账物是否相符	

续表

五、场所环境及安全防护	
1. 通信设备是否完好，联系人和联系电话是否与档案信息一致	
2. 设备标识是否符合相关规定	
3. 配电房内的缆沟封盖、孔洞封堵是否完好	
4. 配电房内是否存放有易燃易爆物品，设备维护通道是否通畅	
5. 检查防小动物措施是否完善	
6. 柜盘前是否按规定铺设绝缘垫，划线标识是否完整	
7. 配电房的通风、照明、应急照明是否符合相关要求	
8. 消防器材是否按要求定置摆放且在有效期内	
9. 裸露的带电部分是否采取有效防护措施	
10. 电气接线模拟图板与现场实际运行方式是否一致	
11. 配电房建筑结构是否完好，防风、防汛、防水、防潮等措施是否有效	
六、电气设备运行工况及预试	
1. 图纸、资料是否齐全	
2. 设备是否存在过热、过负荷现象	
3. 检查设备外观是否存在漏油、异响、污损、放电等异常现象	
4. 连锁和闭锁装置状态是否良好	
5. 设备的预防性试验是否按期开展且合格	
6. “五防”设施是否齐全	
7. 设备的安全警示标示是否明显，防护措施是否完善	
七、电能质量及节能检查	
1. 变压器、电动机与负载是否匹配	
2. 是否投运国家明令禁止的高耗能电气设备	
3. 电容器补偿容量是否足够，投切装置是否正常运行	
4. 受电端电能质量情况	
5. 是否有影响电能质量的设备	

续表

八、计量装置检查	
1. 计量箱（屏、柜）体封闭是否完好，抄表窗口玻璃是否清晰透明	
2. 计量箱（屏、柜）门的锁、封印是否齐全	
3. 负控设备封印是否齐全有效	
4. 负控终端与电能表显示数据是否一致	
5. 计量 TA 一次、二次电流比值与 TA 变比是否相同	
6. 电能表安装是否规范、无倾斜，二次接线是否良好	
九、规章制度	
1. 两票三制是否按规定制订，并执行	
2. 反事故措施及应急预案是否制订，并定期演练	
3. 电气设备操作规程是否制订	

现场检查情况说明：

用户签字		检查人签字	
日　期		日　期	

附录 B 用电安全隐患整改告知书

用电安全隐患整改告知书

________用户：

为贯彻落实《中华人民共和国安全生产法》和《中华人民共和国电力法》的规定，根据《重要电力用户供电电源及自备应急电源配置技术规范》（GB/T 29328—2018）《供电系统供电可靠性评价规程》（DL/T 836—2016）《电力变压器运行规程》（DL/T 572—2010）《电力设备预防性试验规程》（DL/T 596—2021）有关要求，贵单位作为____级重要用户，经检查目前仍存在安全隐患，现将存在的安全隐患和整改要求告知如下：

一、安全隐患内容

1. 供电电源：____

2. 应急电源：____

3. 非电性质安全措施：________________________________

4. 受电设施：____

____

5. 运行管理：____

6. 应急预案：____

二、安全隐患整改要求

____

____

____

____

请贵单位于____年____月____日前将上述用电安全隐患整改完毕，并报请供电公司验收，以保证贵单位安全可靠用电。若因贵单位未按上述整改要求对存在的用电安全隐患进行整改，而引起一切后果，均由贵单位承担责任。

用户签收：________　　　　　　　　　　用电检查人员：________

________用户公章　　　　　　　　　　________供电公司公章

年　　月　　日　　　　　　　　　　　　年　　月　　日

注：本用电安全隐患整改告知书一式二份，分别由供电公司、用户各持一份。若该告知书内容较多，出现多页情况，供电公司、用户二方需加盖骑缝章。

附录C 限期整改督办告知书

限期整改督办告知书

________用户：

为贯彻落实《中华人民共和国安全生产法》和《中华人民共和国电力法》的规定，根据《重要电力用户供电电源及自备应急电源配置技术规范》（GB/T 29328—2018)《供电系统用供电可靠性评价规程》（DL/T 836—2016)《电力变压器运行规程》（DL/T 572—2010)、《电力设备预防性试验规程》（DL/T 596—2021）有关要求，供电公司按照上述要求对贵单位进行了安全用电隐患排查，贵单位作为重要用户，经检查目前还存在部分安全隐患，应立即进行整改，内容告知如下：

1. 电源配备：贵单位________________设备用电负荷属于重要电负荷，应采用双电源或多电源供电方式，且宜采用同级电压供电。并按允许停电的时间，采用双电源互相自动或手动切换的接线方式。

2. 应急电源配置：依据《供电营业规则》中“用户在电力系统瓦解或不可抗力造成供电中断时，仍需保证供电的应急电源应由用户自备”的规定，贵单位应自备应急电源且应急电源属于独立电源。同时应配备具备相应资质的电工，建立完善的规程和制度，加强日常运行、维护和管理，确保在突发事件情况下能及时投入运行，发挥作用。

3. 电工人员配置情况：共有电工人员____人，有电工证、复审合格的____人；无电工证的____人；未年审的____人。

4. 其他电气缺陷：

____

____

上述缺陷整改请于____月____日前整改到位，以保证贵单位电气设备的安全运行。在发生电力系统瓦解、不可抗力、电力运行事故引起开关跳闸等原因导致供电中断时，由于用户原因未按规定采用双（多）电源供电、未配备应急电源、应急电源未正常维护和管理、各类电气缺陷未及时整改到位而造成设备损坏、人员伤亡（重大政治影响、环境严重污染、连续生产过程长期不能恢复）等一切后果，均由贵单位承担。

________经信委公章　　　　　　　________供电公司公章

________用户公章　　　　　　　　　年　　　月　　　日

《加强电力安全工作的通知》（国办发〔2003〕98号）

附录 D 电网运行风险预警反馈单

电网运行风险预警反馈单

编号： 年第 号

反馈日期： 年 月 日

主送单位					
预警编号					
预警时段					
管控措施安排落实情况					
编制		审核		批准	

<table>
<tr><td colspan="4" align="center">电网运行风险预警告知单
编号：　　年第　　号
报送日期：　　年　　月　　日</td></tr>
<tr><td>送达单位</td><td colspan="3"></td></tr>
<tr><td>预警事由</td><td colspan="3"></td></tr>
<tr><td>预警时段</td><td colspan="3"></td></tr>
<tr><td>风险分析</td><td colspan="3"></td></tr>
<tr><td>预控措施及要求</td><td colspan="3"></td></tr>
<tr><td>电网风险管控措施</td><td colspan="3"></td></tr>
<tr><td>告知单位</td><td colspan="3"></td></tr>
<tr><td>联系人</td><td></td><td>联系电话</td><td></td></tr>
<tr><td>接收人</td><td></td><td>联系电话</td><td></td></tr>
</table>

附录 E 重大活动供用电安全责任书

重大活动供用电安全责任书

甲方：供电企业（全称）

乙方：客户（全称）

监证方：（政府部门）

为了认真做好（活动名称）保电期间的安全供用电工作，明确甲乙双方职责，确保重要保电任务的完成，根据《中华人民共和国安全生产法》《中华人民共和国电力法》《电力供应与使用条例》《供电营业规则》，经甲乙双方协商同意，在监证方监证下，签订本责任书。

一、甲方按照《供用电合同》的约定向乙方供电。保电安全责任以《供用电合同》明确的甲乙双方电力设施运行维护管理责任分界点划分，责任分界点电源侧的保电安全责任由甲方负责，责任分界点客户侧的保电安全责任由乙方负责。甲方因保电工作需要，对乙方供电电源进行调整，在调整前一月内，由甲方向乙方进行书面告知，经甲乙双方协商达成一致后，签订《合同事项变更确认书》。

二、甲方责任

1. 科学安排电网运行方式，合理制订检修计划。

2. 对责任设备进行检查和管理，发现问题及时处理。

3. 提前制订应急预案，开展应急演练；负责责任范围内的应急处置工作。

4. 对乙方安全用电进行监督检查。

三、乙方责任

1. 对责任设备进行检查和管理，发现问题及时处理。

2. 对甲方检查发现的问题及时落实整改，负责完成责任范围内电气设备缺陷整改。

3. 配备满足重要负荷不间断供电需求的自备应急电源、自动装置和其他保障措施。

4. 提前制订应急预案，开展应急演练；负责责任范围内的应急处置工作。

5. 电气运行值班人员应配置充足并熟悉业务，保电期间在重要变配电场所安排专人24小时值守。

四、在保电期间，甲、乙双方均指派专人负责保电工作的联系协调。

五、本责任书未尽事宜，按国家有关法律法规的规定执行。

六、监证方对甲、乙双方履行本责任书的情况进行监督。

七、本责任书自签订之日起生效。有效期至本活动结束止。

八、本责任书共签订叁份，甲方、乙方、监证方各执壹份。

甲方：供电企业（全称）　　　　乙方：

（盖章）　　　　（盖章）

签订日期：　　　　签订日期：

监证方：

（盖章）

签订日期：

附录 F　同母线/线路客户重大活动供用电安全保障告知书

同母线/线路客户重大活动供用电安全保障告知书

尊敬的____________________：

年　月　日至　　年　月　日，与贵单位为同一母线/线路的重要电力客户有重大活动。为确保重大活动期间的供用电安全，避免发生由于贵单位原因对重大活动安全供电工作造成不良影响，现将重大活动期间供用电安全保障相关工作告知如下：

一、贵单位作为用电单位，负责供电设施产权分界点客户侧的用电安全保障责任。

二、为避免贵单位在重大活动保电期间发生由于贵单位产权设备原因造成的外电源线路跳闸（含电压跌落）等供电故障，贵单位应在重大活动保电前及保电期间做好以下工作：

1. 对所有产权为贵单位的电气设备，按照电气运行规范进行专项安全检查，确保电气设备的绝缘试验、继电保护（含自投装置）校验在有效期范围之内。

2. 重大活动保电期间停止一切电气施工活动、非故障性的检修与倒闸操作。

3. 做好供电线路防异物、电气设备防火、防水和防小动物措施。

4. 制订并熟练掌握《电气事故应急预案》，适时组织开展模拟演练，并根据实际需要及时进行修改完善。

5. 重大活动保电期间应明确供用电安全责任人，电气运行值班人员应定岗、定班，并保持通信联络畅通。

6. 供用电设备出现停电等异常情况时，应及时与供电企业用电检查人员取得联系，在工作人员的指导下开展应急处置工作，避免由于盲目操作扩大事故范围。

三、本告知书一式二份，贵单位签收后与供电企业各保存一份。

感谢贵单位的大力配合。

特此告知。

供电企业联系人：　　　　　电话：

电力客户联系人：　　　　　电话：

××供电企业（印章）或政府活动主管部门（印章）

二〇××年××月

客户签收：

签收日期：

附录 G　场馆供用电保障方案

版本号：×.××

重大活动场馆供用电保障方案

（“一馆一册”）

【内部资料 注意保密】

××××（场馆官方名称）

编制单位：×××××××××供电公司

××××有限公司

20××年××月××日

××××（官方名称）场馆供用电保障方案

目录

一、客户简介

（主要对客户基本情况进行简述，主要包括地址、受电容量、承担任务、保电等级等信息）

二、保电任务

序号	保电时间	保电任务	保电等级	备注

（分时段明确保电任务与保电等级，并附以相应的说明，主要包括时间、基本情况、涉及重要负荷等）

三、供电电源

四、客户用电信息

1. 用电基本信息

客户基本状况					
户号		客户名称			
用电地址					
合同容量		用电类别		行业分类	

2. 正常运行方式

（1）10kV运行方式

（主要明确10kV运行方式，高压是否联络等信息）

（2）0.4kV运行方式

（主要明确0.4kV运行方式，联络情况，备自投投入情况）

3. 接线图

（现按照对负荷进行梳理，先按配电房进行总体说明后，分重要区域详细对重要负荷进行梳理）

（增加客户到达重要负荷末端的接线图）

4. 主要电气设备及参数

设备	型号	生产厂家	数量（台）	主要元器件及品牌

五、自备应急电源

设备名称	型号	容量（kW）	安装地点	接入点	供电范围

六、保电重要负荷基本信息

1. 永久性重要负荷

序号	重要场所及设备	负荷用途	重要性定级	使用时段	负荷（kW）	自备应急电源	有否末端自投	馈电柜编号

2. 临时性接入负荷

序号	地点	重要场所临时接入负荷	重要性定级	使用时段	负荷（kW）	自备应急电源	接电点

七、外接应急电源

设备名称	容量（kW）	接口位置	供电范围	负荷（kW）	停放位置	电缆长度

（确定外接应急电源容量、接口位置、供电范围、停放位置和需要的电缆长度）

（发电车示意图）

（发电车示意图需明确发电车停靠位置、电缆路径、接入位置等关键信息）

八、继电保护及整定情况

设备名称	设备型号	TV变比	TA变比	保护厂家	保护1		保护2		保护3	
					保护类型	整定值（电流、电压、温度、时间）	保护类型	整定值（电流、电压、温度、时间）	保护类型	整定值（电流、电压、温度、时间）

备注：设备名称：主要包括但不限于高压进、出线开关，高压母分开关，低压进、出线开关，低压母分开关。

保护类型：主要包括但不限于限时电流速断保护、过电流保护、温度保护、过负荷保护。

（此部分内容由调控专业负责整定后，提交营销补充）

九、保障团队

1. 用电方

总负责人：客户总负责人（联系方式）

电气负责人：客户工程部经理（联系方式）

值守运维团队：高配电工（联系方式）

低压电工：低压电工（联系方式）

技术支持团队：

临时发电团队：

2. 供电方

指挥：姓名（联系方式）

值长：姓名（联系方式）

变电运检：姓名（联系方式）

配电运检：姓名（联系方式）

用电检查：姓名（联系方式）

信息通信：姓名（联系方式）

地区调度：姓名（联系方式）

配电调度：姓名（联系方式）

移动发电车：姓名（联系方式）

3. 现场值守人员位置图及人员分布表

根据客户现场配电房、重要负荷场所、发电机等地理图，标注现场值守人员位置点。

人员分布表

序号	值守位置	用电方值守人员		供电方值守人员		
		姓名（职务）	电话	姓名（职务）	电话	对讲机

（与分布图的编号进行对应，各点人员需明确姓名、职务、联系方式）

十、后勤保障

（由后勤部门确定主要内容，场馆负责人明确相应的进驻时间和联系方式）

十一、现场保障

（一）用电方

1. 保障准备

（1）所有变压器按正常运行方式运行，负载率不高于45%。

（2）检查配电房有线电话（号码××××）畅通。

（3）按照附件清单配备足够、合格的备品备件和安全工器具，应急照明设施状态良好。

（4）负责落实外接发电车进场、停靠，会同做好外接发电车接入、试车和核相工作。

（5）负责检查1号自备发电机，油料充足，试发状态良好，蓄电池正常；检查UPS、EPS工况良好，电压、电流正常。

（6）检查×××处ATS运行良好，主供电源为×××。

（7）检查××开关低压脱扣已退出，检查××联络开关、××联络开关备自投已投入。

（8）检查临时负荷接入情况，核查×××临时负荷接入是否超限额、是否规范。

2. 现场值守

（1）值班电工确保24小时值班。（现场人员配置）

（2）保电任务开始前2小时，客户电气负责人×××（联系方式）组织召开客户保电现场会，检查值班电工、技术支持人员、临时发电人员到位情况和通信设备畅通情况；明确本次保电任务、保电时间、重点区域、重要设备、任务分工、应急处置要点、安全事项等。

（3）按照岗位分工负责核查低压馈线开关设备状态，记录重要负荷电流，开展对重点部位的红外测温工作、自备应急电源工作状况和续供能力。

（4）超过4小时确需要交接班的，对×××等重要内容按照值守规范进行交接。

（二）供电方

1. 保障准备

（1）确认电网侧×××（电话）准备工作就绪。

（2）确认同母线客户状态。

（3）检查保电包×个，包内保电装备配置齐全，功能良好；检查对讲机功能正常。

（4）×月×日，发电车进驻现场，停放在××××位置，接口接入完毕，完成试车和核相。

（5）核查用电方按照附件清单配备足够、合格的备品备件和安全工器具，应急照明设施状态良好。

（6）协助检查自备发电机，油料充足，试发状态良好，蓄电池正常。

（7）协助检查××开关低压脱扣已退出，检查××联络开关备自投已投入。

（8）协助客户检查临时负荷接入情况，核查×××临时负荷接入是否超限额、是否规范。

2. 现场值守

（1）现场保电人员在活动开始前进驻保电点，带足工具仪器。

（2）保电负责人××××（联系方式）组织召开保电现场会，检查供电方人员、客户保电人员到位情况和通信设备；明确本次保电任务、保电时间、重点区域、重要设备、任务分工、应急处置要点、安全事项等。

（3）供电方人员协助客户保电人员按照岗位分工组织核查高低压馈线开关设备状态，核查所有 ATS 柜进线电源状态，记录重要负荷电流，开展对重点部位的红外测温工作。

（4）进驻客户现场后半小时内配合保电客户值班人员开始第一次巡视，此后开展不间断巡视。

十二、现场应急处置预案

（从现场停电现象出发，从进线电源失电、低压母线失电、重要负荷失电等分别进行编制。

例如：一路高压进线电源失电、两路高压进线电源失电

低压一段母线失电、两段低压母线均失电

发电机应急投入预案

通信应急处置预案）

十三、备品备件及安全工器具清单

1. 备品情况

序号	品名称	数量	规格	存放位置	配置情况
1					

2. 安全工器具

序号	备品名称	数量	规格	存放位置	下次试验日期
1					

附表 3-1：供用电双方应急联系网络

1. 供电方场馆现场保电人员构成及职责

姓名	岗位	职责	联系方式
××××	保供电指挥中心协调人员	全面协调现场保供电工作	××××
××××	保电负责人	负责现场保电值守，用户操作监护、指导现场应急抢修停役申请主管及抢修配合	××××
××××	现场用电检查人员	用电安全服务、现场值守、技术指导	××××
	运检人员		
	发电车操作人员		

2. 用电方保电人员构成及职责

姓名	岗位	职责	联系方式
××××	用户副总	负责用户保电全面工作	××××
××××	工程部经理	协调现场各项工作	××××
××××	用电和维修相关部门副经理	负责电力保障应急处理工作	××××
××××	主要电工	负责配电运行管理工作	××××

附表 3-2：现场保障巡视工作卡（用户值班员、用电检查员）

现场保障巡视工作卡（用户值班员、用电检查员）

巡视人员： **巡视时间： 年 月 日 时 分**

序号	巡视内容	巡视记录	备注
1	电气设备是否运行正常	□是 □否	
2	运行方式是否正常	□是 □否	
3	负荷水平是否正常	□是 □否	
4	电气运行人员是否在岗	□是 □否	
5	自备电源运行是否正常	□是 □否	
6	防小动物措施是否落实	□是 □否	

续表

序号	巡视内容	巡视记录	备注
7	门禁制度是否落实	□是 □否	
8	内部是否无在建工程	□是 □否	
9	应急发电车行驶通道、停靠位置是否落实	□是 □否	
10	其他巡视发现的问题		
注意事项：用电安全服务人员进入用户配电室时，要严格执行安全距离等相关安全规程规定，不得操作用户电气设备。			

附录H 各类工单

用电检查工作单

用户编号				用户名称			
用电地址							
电气负责人				联系电话			
检查人员				计划检查时间			
审批人员				检查日期			
电能计量装置显示情况							
电能表型号	资产编号	TA 变比	TV 变比	电能表示数	电价类别	封印	检查结果
现场仪器检测情况							
其他检查情况							
检查范围	检查情况						
现场检查情况说明：							
用户（签字）				检查人（签字）			
日期				日期			

注：本模板仅供参考，各省公司可结合实际情况进行

用电检查结果通知单

用户编号：　　　　　　　　　　　　　　　　　　　　　编号：

用户名称		用电地址		电话	

检查项目、发现的主要问题及处理意见

20＿年＿月＿日，我公司在安全用电检查中发现用电人存在以下非正常用电行为：

第一类：

□1. 在电价低的供电线路上，擅自接用电价高的用电设备或私自改变用电类别

□2. 私自超过合同约定容量用电

□3. 擅自使用已在供电企业办理暂停手续的电力设备或启用已封存电力设备

□4. 私自迁移、更动和擅自操作供电企业的用电计量装置、电力负荷管理装置、供电设施以及约定由供电企业调度的用户受电设备

□5. 擅自引入（供出）电源或将自备应急电源和其他电源并网

□6. 其他：＿＿＿＿＿＿＿＿＿＿＿＿

第二类：

□1. 在供电企业的供电设施上，擅自接线用电

□2. 绕越供电企业用电计量装置用电

□3. 伪造或者开启供电企业加封的用电计量装置封印用电

□4. 故意损坏供电企业用电计量装置

□5. 故意使供电企业用电计量装置不准或者失效

□6. 采用其他方法窃电

□7. 其他：＿＿＿＿＿＿＿＿＿＿＿＿

违反了《电力供应与使用条例》第三十条、第三十一条，《供电营业规则》第一百条、第一百零一条的有关规定。根据相关规定，请用电人于20＿＿年＿＿月＿＿日前往我公司（固定电话：＿＿＿＿＿＿＿；地址：＿＿＿＿＿＿＿）配合调查、澄清事实、接受处理。超过期限视为拒绝接受处理，供电人供电企业将依照国家规定的程序中止供电、暂停用电服务、列入失信用户名单，并保留提请司法机关依法追究刑事责任、民事责任的权利。

现场检查记录（包括电能表外观、封印、接线、工况等情况，示意如 □左上图　□左下图　□中图　□右图）　异常处见图中划×标记及情况描述

相线

零线

A B C

A相

B相

C相

N

A

B

C

N

续表

<table>
<tr><td>用户名称</td><td></td><td>用电地址</td><td></td><td>电话</td><td></td></tr>
<tr><td rowspan="4">检查项目、发现的主要问题及处理意见</td><td colspan="5">电能表编号：______（必填）　电能表止度：______（必填）　开盖纪录：______（必填）</td></tr>
<tr><td colspan="4">电能表电流：□相线___ □零线___ □A相___ □B相___ □C相___（必填）
实测电流：□相线___ □零线___ □A相___ □B相___ □C相___（必填）
实测电流/电能表电流：□相线___ □零线___ □A相___ □B相___ □C相___（必填）</td><td>其他测量数据：</td></tr>
<tr><td colspan="5">情况描述：（此处需明确具体行为以及窃电、违约设备容量）
（必填）</td></tr>
<tr><td>现场处理方式（必填）：</td><td colspan="4">□1. 现场就地加封，暂停供电　□2. 现场就地加封，继续供电
□3. 拆除原电能表及相关设备，并现场加封带回，暂停供电
□4. 拆除原电能表及相关设备，并现场加封带回，安装新电能表暂用电，新表表号：______（勾选必填）
□5. 其他：______（勾选必填）</td></tr>
<tr><td rowspan="3">签字</td><td>用电检查员</td><td></td><td rowspan="2">用电方签收</td><td rowspan="2"></td><td>陪同人或见证人</td></tr>
<tr><td>供电方（盖章）</td><td>国网××××供电公司</td><td rowspan="2"></td></tr>
<tr><td>检查时间</td><td>20　年　月　日</td><td>签收时间</td><td>20　年　月　日</td></tr>
<tr><td colspan="6">（本通知书一式二份，用户、供电方各执一份）</td></tr>
</table>

窃电、违约用电处理结果通知单

用户编号：　　　　　　　　　　　　　　　　　　　　　　　　　　　编号：

<table>
<tr><td>用户名称</td><td></td><td>用电地址</td><td></td><td>电话</td><td></td></tr>
<tr><td>现场检查结论及处理方式</td><td colspan="5">20____年____月____日，我公司在安全用电检查中发现用电人存在以下非正常用电行为：
违约用电
□1. 在电价低的供电线路上，擅自接用电价高的用电设备或私自改变用电类别
□2. 私自超过合同约定容量用电
□3. 擅自使用已在供电企业办理暂停手续的电力设备或启用已封存电力设备
□4. 私自迁移、更动和擅自操作供电企业的用电计量装置、电力负荷管理装置、供电设施以及约定由供电企业调度的用户受电设备
□5. 擅自引入（供出）电源或将自备应急电源和其他电源并网
□6. 其他：____________
窃电
□1. 在供电企业的供电设施上，擅自接线用电
□2. 绕越供电企业用电计量装置用电
□3. 伪造或者开启供电企业加封的用电计量装置封印用电
□4. 故意损坏供电企业用电计量装置
□5. 故意使供电企业用电计量装置不准或者失效
□6. 采用其他方法窃电
□7. 其他：____________
违反了《电力供应与使用条例》第三十条、第三十一条，《供电营业规则》第一百条、第一百零一条的有关规定。根据规定，处理结果如下：</td></tr>
<tr><td>追补电量计算及其依据</td><td colspan="5">窃电、违约用电起始时间采用以下认定方式：
□1. 窃电或违约用电起始时间为：____年__月__日至____年__月__日
□2. 不能确定起始时间，按________天/月（每日用电时间按______小时估算）处理
□3. 其他：______________________________（勾选必填）
窃电、违约用电电量按以下方式确认：
□1. 计量误差可计算，更正系数为：________。
□2. 计量误差不可计算，根据设备容量计算，设备容量为________kW，设备清单见附件。
□3. 计量误差不可计算，根据电能表标定电流计算，标定电流________A，电压______V，估算容量________kW。
□4. 其他：______________________________（勾选必填）
综上，□窃电、□违约用电电量为________kW·h，计算过程如下：</td></tr>
<tr><td rowspan="2">追补电费及违约使用电费</td><td colspan="5">□1. 私增容、转供电、擅自启封容量为：________kW，设备清单见附件。
计算过程如下：</td></tr>
<tr><td>追补电费（元）</td><td></td><td>违约使用电费（元）</td><td></td><td>合计（元）　</td></tr>
<tr><td>缴费协议</td><td colspan="5"></td></tr>
<tr><td colspan="3">供电部门意见（签章）</td><td colspan="3">用户意见（签字）</td></tr>
<tr><td colspan="3">国网××供电公司
20　　年　　月　　日</td><td colspan="3">20　　年　　月　　日</td></tr>
</table>

停电工作单

<table>
<tr><td>用户编号</td><td></td><td>用户名称</td><td></td></tr>
<tr><td colspan="4">计划停电时间：　　年　月　日　时　分</td></tr>
<tr><td colspan="4">实际停电时间：　　年　月　日　时　分</td></tr>
<tr><td colspan="4">备注：</td></tr>
<tr><td colspan="4">注意事项：
1. 中断供电，应当符合下列条件：
1）予以事先通知；
2）采取了防范设备重大损失、人身伤害的措施；
3）不影响社会公共利益或者危害社会公共安全；
4）不影响其他用户正常用电。
2. 严格执行现场安全工作规程有关营销工作的有关规定。</td></tr>
<tr><td>工作人员签字：</td><td colspan="3"></td></tr>
</table>

恢复供电工作单

<table>
<tr><td>用户编号</td><td></td><td>用户名称</td><td></td></tr>
<tr><td colspan="4">计划复电时间：　　年　月　日　时　分</td></tr>
<tr><td colspan="4">实际复电时间：　　年　月　日　时　分</td></tr>
<tr><td colspan="4">备注：</td></tr>
<tr><td colspan="4">注意事项：
1. 严格执行现场安全工作规程有关营销工作的有关规定。
2. 如因窃电行为停电引发的恢复供电工作，应检查现场是否已不存在窃电行为，更换新计量表且安装防窃电计量装置。
3. 如因违约用电行为停电引发的恢复供电工作，根据《供电营业规则》的规定，“擅自使用已在供电企业办理暂停手续的电力设备或启用供电企业封存的电力设备的，应停用违约使用的设备”，应检查是否已停用。
4. 如因违约用电行为停电引发的恢复供电工作，根据《供电营业规则》的规定，“未经供电企业同意，擅自引入（供出）电源或将备用电源和其他电源私自并网的，应当拆除接线”，应检查是否已拆除。</td></tr>
<tr><td>工作人员签字：</td><td colspan="3"></td></tr>
</table>

附录I 公司法人授权委托书范文

公司法人授权委托书范文

兹有我单位法定代表人________，委托我单位________同志为我单位办理__________________有关的事务。该代理人在法定代表人授权范围内办理的业务，均由我公司负责履行、承担法律责任。

本委托书期限（大写）：____年____月____日至____年____月____日

本委托书在委托期限内一直有效。如需更换委托人，需先行撤销原委托人的授权委托，再重新出具新的授权委托书。原授权委托人在其授权委托书有限时间内签署的所有业务不因授权的撤销而无效。

单位名称：（公章）：

法定代表人：

附录J 供用电合同解除协议书

供用电合同解除协议书

供电人：________

用电人：________用户编号：________

供电人____________________与用电人________于____年____月____日签订了《__________》合同编号：__________，原合同/协议有效期至____年____月____日，现因__________________________原因致使原合同/协议无法继续履行，现经双方协商一致，同意解除《________》及其他相关协议。自协议解除之日起，双方彼此之间的权利、义务关系自行消灭。双方相互不再以任何形式追求对方的违约责任。

供电人：＜供电人＞（盖章）

法定代表人（负责人）或授权代表（签字）：

签订日期：＜签订日期＞

用电人：＜用电人＞（盖章）

法定代表人（负责人）或授权代表（签字）：

签订日期：＜签订日期＞

附录K 《供用电合同》电费担保协议示范

《供用电合同》电费担保协议示范

甲方（供电方）：

供电方在此合同中相关身份：债权人、抵押权人

乙方（用电方）：

用电方在此合同中相关身份：债务人、抵押人

根据《中华人民共和国民法典》的有关规定，为保证双方签订的《供用电合同》的履行，用电方同意提供担保。经双方协商一致达成如下协议：

第一条 担保方式

用电方提供所属用电线路、变压器、断路器、变电站、高压配电室等财产作为抵押物，作为履行电费缴付义务的履约担保，抵押物详见第十条。抵押物由用电方负责办理抵押登记的相关手续并承担全部费用，办理完毕后将抵押手续交付给供电方。

第二条 担保范围

（一）担保的范围为：主合同项下主债务、违约金、损害赔偿金和实现债权的费用。实现债权的费用包括但不限于催收费用、诉讼费、抵押物或质押物处置费、过户费、保全费、公告费、执行费、律师费、差旅费、保险费及其他费用。

（二）合同双方对保证担保的范围没有约定或者约定不明的，保证人应当对全部债务承担担保责任。

第三条 担保期限

经双方协商确定担保期限为：自供用电合同及本合同生效之日起，至供用电合同及本合同期限届满后的两年止。本合同期满，用电方继续用电且供、用电双方没有异议，本合同持续有效的，担保人在此同意担保期限自动顺延至任何一次

续期后的合同期满后的两年。

第四条　担保责任

1. 如果本合同项下的抵押物属于法律规定需以登记为生效要件，乙方应在本合同签订后3日内，立即向登记机关办理本合同项下抵押物的抵押登记手续，并在登记手续办妥后三日内将他项权利证明、抵押登记证明文件正本及抵押物权属证明正本交抵押权人保管。抵押人应为抵押物投保，保险金额不低于该抵押物的评估价值，保险期限不短于主合同项下债权债务的履行期限，并应指定抵押权人为保险权益的第一受益人。保险手续办妥后，乙方应将保单正本交甲方保管。

2. 抵押人未能投保或续保的，抵押权人有权自行投保、续保，代为缴付保费或采取其他保险维持措施。抵押人应提供必要协助，并承担抵押权人因此支出的保险费和相关费用。

3. 抵押人在签署和履行本合同过程中应保证向甲方提供的全部文件、资料及信息是真实、准确、完整和有效的。

4. 抵押物不存在任何权利瑕疵，未被依法查封、扣押、监管，不存在争议、抵押、质押、诉讼（仲裁）、出租等情况。

5. 抵押物有损坏或者价值明显减少的可能，抵押人应及时告知抵押权人并提供新的担保。

6. 未经抵押权人书面同意，抵押人不应有任何使抵押物价值减损或可能减损的行为；不得以转让、赠予、出租、设定担保物权等任何方式处分抵押物。

7. 抵押人应配合抵押权人对抵押物的使用、保管、保养状况及权属维持情况进行检查。

8. 抵押人在出现下列情形之一时3日内，应立即书面通知抵押权人：

（1）抵押物的安全、完好状态受到或可能受到不利影响；

（2）抵押物权属发生争议；

（3）抵押物在抵押期间被采取查封、扣押等财产保全或执行措施；

（4）抵押权受到或可能受到来自任何第三方的侵害。

9. 乙方应配合甲方实现抵押权并不会设置任何障碍。

10. 主合同变更的，抵押人仍应承担担保责任。

11. 下列任一情形出现时，抵押权人有权依法拍卖、变卖抵押物，并以所得价款优先受偿：

（1）债务人未按时足额履行主债务；

（2）未按上述第5条款约定另行提供担保的。

12. 因下列原因致使抵押权不成立或未生效的，抵押人应对债务人在主合同项下的债务承担连带担保责任：

（1）抵押人未按第三条约定办理抵押物登记手续的；

（2）抵押人在第五条项下所作陈述与保证不真实的；

（3）因抵押人方面的其他原因。

13. 主合同变更的，抵押人仍应承担担保责任。

第五条　用电方应会同供电方办理所有担保手续，办理担保所需费用由用电方承担。本合同项下有关公证、保险、鉴定、登记，运输及保管等系列费用均由用电方承担。

第六条　通知

1. 根据本合同需要一方向另一方发出的全部通知以及双方的文件往来及与本合同有关的通知和要求等，必须采用书面形式，可采用书信、传真、电报、当面送交等方式传递。以上方式无法送达的，可采用公告的方式送达。

2. 各方通信地址如下：见供用电合同。

3. 一方变更通知或通信地址，应自变更之日起3日内，以书面形式通知对方；否则，由未通知方承担由此而引发的相关责任。

第七条　违约责任

（1）用电方或供电方违反本合同第四条相应担保责任的，应向对方支付主合同项下债务总额40%的违约金。

（2）抵押人或出质人因隐瞒质物存在共有、争议、被查封、被扣押或其他类似情况而给抵押权人造成经济损失的，应给予赔偿。

第八条 合同变更解除

本合同生效后，任何一方不得擅自变更或解除合同。需要变更或解除合同的，应经协商一致，达成书面协议。协议未达成前，本合同条款仍然有效。

第九条 本合同的效力独立于被保证的供用电合同，主合同无效并不影响本合同的效力。

第十条 相关抵押清单及其他合同组成资料或补充协议如下：

抵押物清单（包括但不限于以下内容）：

1. 用电人变电站受电点受电变压器____台，其中，____kVA变压器____台，____kVA变压器____台，共计____kVA，以及上述变电站内变压器所连接母线、断路器、刀闸等等全部资产。

2. 用电人______专用架空线路包括电杆及架空输电线路等全部资产。

3. 用电人______专用架空线路包括电杆及架空输电线路等全部资产。

供电方签字（盖章）： 用电方签字（盖章）：

法定代表人（授权人）： 法定代表人（授权人）：

____年____月____日 ____年____月____日

参 考 文 献

[1] 姜力维．违约用电和窃电查处与防治．北京：中国电力出版社，2011.

[2] 国网新疆电力有限公司培训中心．电力营销岗位能力培训教材．北京：中国电力出版社，2018.

[3] 中国电力百科全书．北京：中国电力出版社，1995.

[4] 王广會，陈跃．用电营业管理．北京：中国电力出版社，2001.

[5] 王孔良，等．农电管理．北京：中国电力出版社，2002.

[6] 中国华北电力集团．用电检查工作标准．北京：中国电力出版社，2001.

[7] 景胜，拜克明，靳保卫，等．用电检查实用指南．北京：中国水利水电出版社，2014.

[8] 秦光洁．电力用户用电事故调查分析与处理．成都：科学与财富杂志社，2017.

[9] 肖世杰，陈安伟．用电检查．北京：中国电力出版社，2009.

[10] 中国南方电网市场交易部．用电检查员工作手册．北京：中国电力出版社，2008.

[11] 马少寅．供用电合同签订指导手册．新疆：新疆人民出版社，2013.